高水平地方应用型大学建设系列教材

化工设计课程设计

郭文瑶　朱　晟　编著

北　京

冶 金 工 业 出 版 社

2022

内 容 提 要

本书共6章，主要内容包括课程设计基础、工艺流程设计、设备选型及典型设备设计、车间设备布置设计、工厂总体布置设计及经济分析与评价等，重点介绍了工艺流程的设计方法和工艺流程转变为可以操作的生产装置的工作思路、工作方法和技巧。

本书可作为高等院校化工、轻工、生物化工、石油化工等相关专业课程设计的教材，以及毕业设计环节的指导参考书，也可供现场化工设计人员参考。

图书在版编目(CIP)数据

化工设计课程设计/郭文瑶，朱晟编著. —北京：冶金工业出版社，2022.1

高水平地方应用型大学建设系列教材

ISBN 978-7-5024-8972-4

Ⅰ.①化…　Ⅱ.①郭…　②朱…　Ⅲ.①化工设计—课程设计—高等学校—教材　Ⅳ.①TQ02-41

中国版本图书馆 CIP 数据核字（2021）第 236887 号

化工设计课程设计

出版发行	冶金工业出版社	**电　话**	（010）64027926
地　址	北京市东城区嵩祝院北巷 39 号	**邮　编**	100009
网　址	www. mip1953. com	**电子信箱**	service@ mip1953. com

责任编辑　杜婷婷　程志宏　美术编辑　彭子赫　版式设计　郑小利
责任校对　葛新霞　责任印制　李玉山
三河市双峰印刷装订有限公司印刷
2022 年 1 月第 1 版，2022 年 1 月第 1 次印刷
710mm×1000mm　1/16；8.5 印张；162 千字；122 页
定价 **39.00** 元

投稿电话　**（010）64027932**　投稿信箱　**tougao@ cnmip. com. cn**
营销中心电话　**（010）64044283**
冶金工业出版社天猫旗舰店　**yjgycbs. tmall. com**
（本书如有印装质量问题，本社营销中心负责退换）

《高水平地方应用型大学建设系列教材》序

应用型大学教育是高等教育结构中的重要组成部分。高水平地方应用型高校在培养复合型人才、服务地方经济发展以及为现代产业体系提供高素质应用型人才方面越来越显现出不可替代的作用。2019 年，上海电力大学获批上海市首个高水平地方应用型高校建设试点单位，为学校以能源电力为特色，着力发展清洁安全发电、智能电网和智慧能源管理三大学科，打造专业品牌，增强科研层级，提升专业水平和服务能力提出了更高的要求和发展的动力。清洁安全发电学科汇聚化学工程与工艺、材料科学与工程、材料化学、环境工程、应用化学、新能源科学与工程、能源与动力工程等专业，力求培养出具有创新意识、创新性思维和创新能力的高水平应用型建设者，为煤清洁燃烧和高效利用、水质安全与控制、环境保护、设备安全、新能源开发、储能系统、分布式能源系统等产业，输出合格应用型优秀人才，支撑国家和地方先进电力事业的发展。

教材建设是搞好应用型特色高校建设非常重要的方面。以往应用型大学的本科教学主要使用普通高等教育教学用书，实践证明并不适应在应用型高校教学使用。由于密切结合行业特色及新的生产工艺以及与先进教学实验设备相适应且实践性强的教材稀缺，迫切需要教材改革和创新。编写应用性和实践性强及有行业特色教材，是提高应用型人才培养质量的重要保障。国外一些教育发达国家的基础课教材涉及内容广、应用性强，确实值得我国应用型高校教材编写出版借鉴和参考。

为此，上海电力大学和冶金工业出版社合作共同组织了高水平地方应用型大学建设系列教材的编写，包括课程设计、实践与实习指导、实验指导等各类型的教学用书，首批出版教材 18 种。教材的编写将遵循应用型高校教学特色、学以致用、实践教学的原则，既保证教学内容的完整性、基础性，又强调其应用性，突出产教融合，将教学和学生专业知识和素质能力提升相结合。

本系列教材的出版发行，对于我校高水平地方应用型大学的建设、高素质应用型人才培养具有十分重要的现实意义，也将为教育综合改革提供示范素材。

上海电力大学校长　　李和兴

2020 年 4 月

前　　言

化工行业作为我国的支柱性产业之一，必须结合技术创新，才能向着清洁、环保、高效的方向发展，这就对大学培养应用型化工专业的人才提出了更高的要求，尤其是培养学生的工程能力和创新能力。

设计教育是工程教育的核心和精髓。化工设计课程设计是化工类本科生的核心实践课程之一，是高等工科院校化工类和相关专业学生一次较为全面的工程设计能力培养和综合技能训练提升过程。旨在通过课程设计的学习和实践，使学生能够联系化工生产实际，综合运用各类专业课程的基本知识，在规定时间内完成指定的化工设计任务，初步掌握将化工厂由设想变为现实的设计理论、方法、程序、手段和工具，养成实事求是的科学态度、严谨认真的工作作风、协同合作的团队精神、开拓进取的创新意识、节能环保意识与社会责任感，全面提高学生综合运用所学知识独立解决实际问题的能力。

本书共6章，第1章介绍了化工设计课程设计的目的、内容及任务要求；第2章主要介绍了工艺流程设计的任务、原则和方法以及化工流程中常用的节能技术；第3章介绍了包括泵、风机、换热器、储罐、塔和反应器共六大类设备的选型与设计方法；第4章介绍了化工车间设备布置的内容要求和原则方法以及车间设备布置图的绘制；第5章介绍了化工厂的选址原则和化工厂总平面布置图的绘制；第6章介绍了化工设计项目的经济分析与评价。

本书采用简洁易懂的文字叙述和内容编排方式，注重介绍化工设计的新方法、新软件和新要求，强调现代化工整体设计思想，强调绿色化工和清洁生产的设计理念，强调工程图在设计中的作用，强调在设计过程中采用现代化的设计手段和方法，强调运用工程语言正确表述设计思想和结果。通过介绍和引用标准，培养学生养成检索、学习和执行标准的工作习惯。

　　由于化工设计课程设计所涉及的专业知识多，内容覆盖面广，学科交叉性强，本书中的每一章，甚至每一小节都有可能是一门先修课程的内容。对此，编著者从启发、引导的角度进行简要叙述，读者如欲深入了解某方面的内容，还需查阅该领域的教材和文献，这也为学生养成主动、持续性的学习习惯，提高解决问题的能力提供了空间，以便帮助学生从学校走向社会时能更快地适应工作岗位的要求。

　　本书为化工设计课程设计的配套指导书，重点在于传授设计方法，所列的数据、图表和实例仅限于教学培养训练之用。当进行实际工程设计时，应以工程设计手册和设计软件为准，并密切注意资料的更新。

　　在本书的编写过程中，编著者参阅了相关文献和书籍，在此向有关作者表示衷心感谢。

　　由于编著者水平所限，书中不妥之处，恳请读者批评指正。

编著者

2021 年 8 月

目　　录

1　课程设计基础 ……………………………………………………………… 1

1.1　化工设计课程设计的目的和要求 ……………………………………… 1

1.2　化工设计课程设计的内容和步骤 ……………………………………… 2

　　1.2.1　课程设计的基本内容 ………………………………………… 2

　　1.2.2　课程设计的方法与步骤 ……………………………………… 3

1.3　化工设计课程设计的任务要求 ………………………………………… 5

　　1.3.1　项目可行性报告的编排和要求 ……………………………… 5

　　1.3.2　初步设计说明书的编排和要求 ……………………………… 6

　　1.3.3　设备设计文档的编排和要求 ………………………………… 8

　　1.3.4　设计图纸要求 ………………………………………………… 9

　　1.3.5　设计源文件要求 ……………………………………………… 12

1.4　课程设计中的注意事项 ………………………………………………… 13

2　工艺流程设计 …………………………………………………………… 15

2.1　工艺路线选择 …………………………………………………………… 15

　　2.1.1　工艺路线选择的工作步骤 …………………………………… 16

　　2.1.2　工艺路线选择的方法和一般原则 …………………………… 16

2.2　工艺流程的概念设计 …………………………………………………… 18

　　2.2.1　工艺流程的设计任务 ………………………………………… 18

　　2.2.2　工艺流程的设计原则 ………………………………………… 19

　　2.2.3　工艺路线的流程化 …………………………………………… 20

　　2.2.4　工艺流程的完善 ……………………………………………… 23

　　2.2.5　工艺流程的比较和评估 ……………………………………… 24

2.3　工艺流程的初步设计 …………………………………………………… 25

　　2.3.1　设备的操作参数确定 ………………………………………… 25

　　2.3.2　对流程进入量化设计计算 …………………………………… 25

　　2.3.3　设备的选型和设计 …………………………………………… 26

　　2.3.4　管道管件和控制点设计 ……………………………………… 26

　　2.3.5　通过热量衡算确定公用工程的用量 ……………………………… 26

　2.4　计算机辅助流程设计 ………………………………………………… 26

　　2.4.1　化工流程模拟 …………………………………………………… 27

　　2.4.2　Aspen Plus 软件 ………………………………………………… 27

　2.5　化工过程节能与优化设计 …………………………………………… 30

　　2.5.1　夹点技术 ………………………………………………………… 31

　　2.5.2　分离过程的节能 ………………………………………………… 37

　　2.5.3　精馏节能技术 …………………………………………………… 39

　　2.5.4　其他化工单元过程与设备的节能 ……………………………… 46

　2.6　工艺物料流程图和带控制点工艺流程图 …………………………… 49

3　设备选型及典型设备设计 ………………………………………………… 51

　3.1　化工设备选型与设计的内容 ………………………………………… 51

　3.2　泵的选型 ……………………………………………………………… 52

　　3.2.1　泵的类型和技术指标 …………………………………………… 52

　　3.2.2　选泵的原则 ……………………………………………………… 53

　　3.2.3　选泵的一般程序和方法 ………………………………………… 54

　3.3　风机的选型 …………………………………………………………… 55

　　3.3.1　气体输送及压缩设备分类 ……………………………………… 55

　　3.3.2　通风机的选型 …………………………………………………… 56

　　3.3.3　鼓风机的选型 …………………………………………………… 57

　　3.3.4　压缩机的选型 …………………………………………………… 57

　　3.3.5　真空泵的选型 …………………………………………………… 58

　3.4　换热器的选型与设计 ………………………………………………… 60

　　3.4.1　换热器的分类 …………………………………………………… 60

　　3.4.2　管壳式换热器的设计标准 ……………………………………… 62

　　3.4.3　管壳式换热器的设计方法 ……………………………………… 62

　　3.4.4　利用 Aspen EDR 进行管壳式换热器设计 …………………… 67

　3.5　储罐的选型与设计 …………………………………………………… 67

　　3.5.1　储罐的分类 ……………………………………………………… 67

　　3.5.2　储罐设计的一般程序 …………………………………………… 69

　3.6　塔的选型设计 ………………………………………………………… 71

　　3.6.1　塔设备的分类及选型 …………………………………………… 71

　　3.6.2　塔设备设计的一般程序和方法 ………………………………… 73

　3.7　反应器的选型设计 …………………………………………………… 75

3.7.1 反应器的分类 ···················· 75
3.7.2 反应器设计的一般程序和方法 ············ 77

4 车间设备布置设计 ···················· 86

4.1 车间布置设计的内容、要求及方法 ·········· 86
4.1.1 车间布置设计的依据 ················ 86
4.1.2 车间布置设计的内容 ················ 87
4.1.3 车间布置设计的原则及要求 ············ 88
4.1.4 车间布置设计的方法和步骤 ············ 89
4.2 车间的整体布置设计 ················· 90
4.2.1 车间的平面布置 ················· 90
4.2.2 车间的立面布置 ················· 91
4.2.3 车间布置中应注意的问题 ············· 92
4.3 车间设备布置设计 ·················· 92
4.3.1 设备布置设计的一般要求 ············· 92
4.3.2 设备布置设计的一般原则 ············· 93
4.3.3 常见设备的布置设计原则 ············· 94
4.3.4 设备布置设计需要注意的问题 ··········· 97
4.4 车间设备布置图 ··················· 97
4.4.1 设备布置图的内容 ················ 97
4.4.2 设备布置图的绘制要求 ·············· 98
4.4.3 设备布置图的绘图步骤 ············· 102

5 工厂总体布置设计 ···················· 103

5.1 工厂布置设计 ···················· 103
5.1.1 化工厂选址 ··················· 103
5.1.2 化工厂总平面布置 ················ 105
5.2 化工厂总平面布置图的绘制 ············· 108
5.2.1 总平面布置图的绘制内容与要求 ········· 109
5.2.2 风向玫瑰图 ··················· 109
5.2.3 方向标 ····················· 110

6 经济分析与评价 ····················· 111

6.1 投资估算 ······················ 111
6.1.1 建设投资估算 ·················· 112

6.1.2　建设期利息估算 ……………………………………… 114

6.1.3　流动资金估算 ………………………………………… 114

6.2　产品生产成本估算 ……………………………………… 115

6.3　经济评价 ………………………………………………… 117

6.3.1　静态评价方法 ………………………………………… 117

6.3.2　动态评价方法 ………………………………………… 118

6.3.3　盈亏平衡分析 ………………………………………… 119

6.3.4　敏感性分析 …………………………………………… 120

参考文献 ……………………………………………………… 122

1 课程设计基础

工程设计是工程师工作实践中最富创造性的内容，是人们运用科技知识和方法，有目标地创造工程产品构思和计划的过程。设计能力不同于理论分析能力、表达能力和动手能力，它是将思维形式的知识转化为尚未存在但却可以实现的物质实体的一种创造力，即不仅是认识客观、表现客观，而且是创造客观的能力。因此，设计能力的培养对于工科学生尤为重要。

化工设计是化工类专业一门培养学生工程设计能力的基础课，是相关专业培养方案的主干课程。化工设计中的课程设计是该课程中一项重要的实践性教学环节，是理论联系实际的桥梁，是使学生体验工程实际问题复杂性，进一步巩固、深化和运用化工专业基础知识的有效途径，也是高等工科院校化工类和相关专业学生一次较为全面的工程设计能力培养和综合技能训练提升的过程。

1.1 化工设计课程设计的目的和要求

化工设计课程设计不同于化工原理课程设计，后者是对某个单元装置的设计。而化工设计是将一项化工生产任务从设想变成现实的一个建设环节，涉及政治、经济、技术，资源、产品、市场、用户、环境，国家政策、标准、法规，化学、化工、机械、电气、土建、自控、安全卫生、给排水等专业及相关领域，是一门综合性很强的技术科学。

通过课程设计，要求学生能综合运用本课程和前修课程的基本知识，联系化工生产实际，进行融会贯通的独立思考，在规定时间内完成指定的化工设计任务，从而得到化工工程设计的初步训练。通过课程设计，要求学生了解化工工程设计的基本内容，掌握化工设计的程序和方法，熟悉查阅技术资料和标准，正确选用公式和数据，进行计算机辅助计算和制图，运用工程语言正确表述设计思想和结果，培养学生分析和解决工程实际问题的能力。更为重要的是，通过课程设计培养学生树立正确的现代化工整体设计思想，培养实事求是的科学态度、严谨认真的工作作风、协同合作的团队精神、开拓进取的创新意识、节能环保与社会责任感，全面提高学生综合运用所学知识独立解决实际问题的能力。

课程设计不同于平时的作业，设计任务以模拟完整化工设计项目进行，在设计中需要学生组建项目小组共同做出决策，即团队共同确定方案、选择流程、查取资料、进行过程和设备计算，并要对自己的选择做出论证和核算，经过反复的分析比较，择优选定最理想的方案和合理的设计。团队成员必须建立整体设计概念，相互密切配合，并就设计中的问题及时开展讨论，互相补充设计资料，协同完成工程设计。因此，课程设计对于增强工程观念、培养跨学科意识、提高学生团队协作能力大有裨益。

为了使化工类专业学生达到基本训练的目的，使学生对工程实际问题有初步的认识和了解，化工设计课程设计应满足如下基本要求：

（1）掌握化工车间生产过程设计的基本要求及主要内容，掌握设计原则，了解车间布置内容、布置设计方法和布置应遵循的原则；

（2）论证设计方案，确定设计流程及方法，掌握化工过程的物料衡算、热量衡算及主要工艺设备（如反应器、分离设备、换热器等）的设计原则和方法；

（3）基本掌握过程和设备的物料参数（如温度、压力、流量、液位等）控制指标的确定方法和控制方案；

（4）掌握绘制物料流程图（PFD）、带控制点工艺流程图（PID）、设备布置图及主要设备图的方法、要求和标准；

（5）初步掌握投资与成本估算及经济评价的基本内容和主要方法，了解经济分析与评价在工程设计决策中的意义；

（6）对水、电、汽（气）等公用工程有所了解，并能使所设计的工程项目与公用工程相互匹配；

（7）提出所设计工程项目对环境保护、安全卫生等方面的要求；

（8）初步掌握撰写项目可行性报告、初步设计说明书的基本内容和方法；

（9）能够运用相关计算机软件进行工程计算、绘图及文字输入编辑。

1.2　化工设计课程设计的内容和步骤

1.2.1　课程设计的基本内容

课程设计的内容围绕设计一座化工（分）厂为中心，根据给定的主要原料或目标产品，进行工厂选址、工艺设计和计算、设备设计和选型、能量优化、环境保护、经济核算等内容，训练学生进行化工生产过程项目设计的能力。具体设计题目的选择应符合国家有关政策和课程设计培养目标，尽可能选择反映现代科学技术发展水平的开放性题目，以充分调动学生的主动性和创新积极性。设计题目也可参考"全国大学生化工设计竞赛"的设计任务，根据课程设计的学时和要求进行删减和调整。

化工设计课程设计包含如下主要内容。

（1）项目可行性论证。项目可行性论证包括项目建设意义、建设规模、技术方案、与总厂或园区的系统集成方案、厂址选择、与社会及环境的和谐发展（包括安全、环保和资源利用）和技术经济分析等内容。

（2）工艺流程设计。工艺流程设计内容包括对工艺方案的选择及论证、化工安全生产的保障措施、先进单元过程技术和集成与节能技术的应用等内容。利用计算机对所设计的工艺流程进行仿真设计计算，根据工艺流程设计成果绘制相应的物料流程图和带控制点工艺流程图，并编制物料及热量平衡计算书。

（3）设备选型及典型设备设计。对于工艺流程中的典型非标设备（如反应器和塔器）和典型标准设备（如换热器）进行工艺设计和选型，并编制相应的计算说明书。对工艺流程中的其他重要设备的设计及选型结果进行必要的说明。将工艺流程中所有设备的设计及选型结果编制设备一览表。

（4）车间设备布置设计。选择至少一个主要工艺车间进行车间布置设计，绘制车间平立面布置图。

（5）装置总体布置设计。对主要工艺车间、辅助车间、原料及产品储存区、中心控制室、分析化验室、行政管理及生活等辅助用房、设备检修区、三废处理区、安全生产设施、厂区内部道路等进行合理布置，并对方案进行必要说明，绘制装置平面布置总图。

（6）经济分析与评价基础数据。根据调研获得的经济数据对设计方案进行经济分析与评价。

完整的课程设计成果应包含以下内容：

（1）项目可行性报告（篇幅控制在50页以内）；

（2）初步设计说明书（包括设备一览表、物料平衡表等各种相关表格）；

（3）典型设备（标准设备和非标准设备）工艺设计计算说明书（若采用相关专业软件进行设备计算和分析，则必须同时提供计算结果和计算模型的源程序）；

（4）设计图集，主要包括 PFD 图、PID 图、车间设备平面和立面布置图、厂区平面布置总图和主要设备工艺条件图；

（5）工艺流程的模拟及流程优化计算结果和模拟源程序。

课程设计完成后应进行总结和答辩。

1.2.2 课程设计的方法与步骤

在课程设计中，每一位学生都应该以"工程师"的身份，严肃认真地对待自己的工作，保质、保量、按时完成工作任务。课程设计遵循化工设计过程的一般规律，大致可以按以下方法和步骤进行。

（1）设计准备工作。设计前应组建设计项目团队（建议5人一组），认真研究课程设计任务书，明确设计要求和内容，理清设计思路和程序，明白每一阶段应该做什么、获得什么成果，对整个设计过程进行时间和任务划分，并按计划实施。

（2）确定生产方法。根据设计任务书，查阅文献资料和工艺路线、工艺流程和重点设备有关资料，并对搜集资料的适用范围进行筛选。搜集相关设计资料，并深入调查研究、消化、筛选、吸收并归类整理。对各种生产方法的技术性、经济性、安全性对比分析。落实产品方案（或原料），落实关键设备并选定厂址。对选定的生产工艺进行修改、补充、完善，提出治理"三废"、消除污染的预案。

选用资料时，要对各类资料认真阅读、理解，再合理选用、借鉴，切忌盲目照搬。在正确的设计思想的指导下分析和解决实际问题。在设计过程中，要综合考虑技术上的先进性、可行性及经济上的合理性，并注意安全、环保、节能、可持续及清洁生产的要求，即要求从工程的角度，综合考虑各种因素，从总体上得到最佳结果。

（3）工艺流程设计。确定整个生产工艺流程的组成，确定每个过程或工序组成。确定控制方案，确定各过程的连接方法，选用合适仪表。建立工艺流程方案（概念设计方框图），勾画工艺物料流程草图，不断修改、补充、完善。最终确定构成工艺流程的操作单元、设备类型、操作条件和"三废"处理方案。

由于工艺流程设计的涉及面广，需要做细致的分析、计算和比较，是一个反复试算的过程，计算工作量很大，因此准确与高效必须同时兼顾，应合理利用现代化工设计计算手段，利用流程模拟软件进行工艺计算和设计。

（4）化工计算及绘制主要设备图、管道仪表流程施工图。根据资料基础数据，进行物料衡算、热量衡算和设备选型工艺计算，确定生产设备型号、规格尺寸和台数、材质等，编制设备表，绘制主要设备图、工艺物料流程图和施工阶段管道仪表流程图。

（5）车间布置设计。确定界区内厂房及场地配置、厂房或框架结构型式，确定工艺流程图中全部设备平面布置的具体位置。绘制平面与立面车间布置图。

（6）化工管路设计。根据输送介质物化参数，选择流速、计算管径及管材材质、壁厚，确定管道连接方式及管架型式、高度、跨度等。确定工艺流程图中全部管线、阀件、管架、管件的位置，满足工艺要求，便于安装、维修，整齐美观。绘制平面与立面车间管路布置图。

（7）编制设计文件。根据设计文件编写和绘制规范，用简洁的文字和适当的图表准确表达自己的设计成果。图纸要完整、清晰，符合规范要求；设计说明书要详细写出设计计算过程及参考资料。

（8）答辩。在课程设计的答辩中，要求以小组为单位在规定时间内报告本组的设计。然后答辩教师就设计所覆盖的知识面或需要解决的问题提出若干问题与学生讨论，对学生在设计中的重点、难点内容及其相互间的配合进行提问。最后，答辩教师根据学生的设计成果、答辩情况对学生的设计质量进行综合评判。

以上仅是化工设计课程设计的大体内容，叙述顺序按照一般的设计工作程序，在实际的课程设计过程中，这些工作内容往往是交错进行的。为帮助学生拟定设计进度，表 1-1 给出了各阶段所占总工作量的大致百分比，供设计时参考。

表 1-1　设计进度表

序号	设 计 内 容	占总设计工作量比例/%
1	确定生产方法	10
2	工艺流程设计	15
3	化工计算及绘制主要设备图、管道仪表流程施工图	50
4	车间布置设计	5
5	编制设计文件	20

1.3　化工设计课程设计的任务要求

课程设计所提交的材料一般包括设计文档、设计图纸和设计源文件三大部分。设计文档的编写要求符合设计文件编写规范，设计图纸要完整、清晰，符合图纸绘制规范要求。本节将对主要设计文件中应包含的重点内容给出具体要求和说明，以供参考。

1.3.1　项目可行性报告的编排和要求

可行性研究是投资项目前期工作的重要内容，是投资决策的重要依据。项目可行性报告应对项目建设意义、建设规模、技术方案、与总厂或园区的系统集成方案、厂址选择、与社会及环境的和谐发展（包括安全、环保和资源利用）和技术经济分析等内容进行论证，篇幅尽量控制在 50 页以内。项目可行性报告的编制可以参照中国石油和化学工业联合会发布的《化工投资项目可行性研究报告编制办法（2012 年修订版）》（中石化联产发〔2012〕115 号）（以下简称《编制办法》）。报告中应对以下几方面关键内容进行详细说明。

（1）建设规模及产品方案。参考《编制办法》第 3 章。

1）符合性分析。对产业政策符合性、行业准入符合性及所在地或园区发展规划符合性进行分析。产业政策符合性的标准写法是"本项目符合《产业结构调整指导目录（2011 年本）》（修正）中的第×类第×项××××第×条×××××××"或者"本项目未列入《产业结构调整指导目录（2011 年本）》（修正）中的限制类或淘汰类"。对于行业准入符合性和所在地或园区发展规划符合性，如果没有相应的行业准入政策或发展规划，进行简要说明即可。

2）建设规模和产品方案的选择和比较。列出建设规模、主要产品和主要副产品（如果没有副产品需说明），并对两个以上的建设规模（或产品方案）进行多方案比选。

（2）原料需求清单及来源。参考《编制办法》第 5.1 节。列出主要原料及其用量、辅助原料及其用量。列出主要原料和辅助原料的来源和运输方式，并对主要原料来源进行分析。

（3）公用工程需求表。参考《编制办法》第 5.4 节。列出主要公用工程名称、来源和消耗量，并说明是连续使用或间断使用。外供公用工程需要有供应协议和方案，自供的公用工程需要说明供应方案。

（4）"三废"排放量表。参照《编制办法》中的表 13-3-1～表 13-3-3。列表说明各装置（单元）及设施废液、废气和废固污染物的排放情况，包括排放源、排放量、污染物名称、浓度、排放特征、处理方法和排放去向等，并进行简要说明。

（5）投资估算表。参考《编制办法》第 19 章，对项目建设投资、建设期利息、流动资金和项目总投资进行估算。根据估算结果，编制建设投资估算表、建设期利息估算表、流动资金估算表和总投资估算表。

（6）经济效益分析表。参考《编制办法》第 21 章。对主要经济指标进行估算及分析，并编制相应的经济效益分析表。要求包括：

1）成本和费用估算，以及成本和费用估算表；

2）销售收入和税金估算，以及产品销售收入及税金计算表；

3）税后利润估算，以及利润与利润分配表；

4）投资回收期分析；

5）项目财务内部收益率分析，以及项目财务现金流量表；

6）财务净现值估算；

7）权益投资内部收益率估算，以及权益投资财务现金流量表；

8）借款偿还期分析；

9）感性分析；

10）盈亏平衡分析。

1.3.2　初步设计说明书的编排和要求

初步设计说明书参照《化工工厂初步设计文件内容深度规定》（HG/T 20688—2000）（以下简称《深度规定》）进行编制。初步设计说明书的主要章节应满足《深度规定》的要求，必须包含的章节有总论、总图运输、化工工艺与系统、布置与配管、自动控制及仪表、供配电、给排水、消防、概算。初步设计说明书中应对以下关键内容进行详细说明。

（1）工艺方案论证。要求列出常用的工艺技术方案，对不同技术方案的投资情况进行文字说明。对不同技术方案的消耗、转化率、能耗、本质环保、本质安全、流程繁简等指标进行文字说明。对不同技术方案的各项指标进行综合分析比较，得出本项目选用的工艺技术方案及选用理由。

（2）过程节能及能耗计算。参考《深度规定》第24章，编制项目综合能耗表，并对主要指标的计算进行说明。参考《深度规定》中的表24.0.1，编制每吨产品能耗比较表，并对每吨产品的能耗进行计算说明。计算项目的万元产值综合能耗，并进行说明。对能源选择的合理性和项目所采用的节能措施进行分析说明。

（3）环境保护。参考《深度规定》第22章及环境评价报告编写。说明项目所执行的法规和标准，分别编制废气、废水和废渣排放表，并对处理方案分别进行说明。

（4）总图布置遵循正确的标准及安全距离。参考《深度规定》第3章。对项目所采用的规范及理由进行说明。参照《建筑设计防火规范》（GB 50016—2014）和《石油化工企业设计防火规范》（GB 50160—2008），对装置的火灾危险类别及建筑物耐火等级进行划分。根据所采用的规范列表，对界区内装置间设计距离进行说明，说明符合规范的条文号及符合性。表格可参考表1-2示例进行编制。

表1-2 厂房及设施间距表（示例）

本项目设施	相邻设施	设计距离/m	规范要求/m	设计规范条文号	符合性
螯合树脂塔（戊类露天设备）	东：空地	—	—	—	符合
	南：冷冻及氯压缩（乙类二级）	41	10	3.4.6	符合
	西：一次盐水精制（戊类二级）	11.75	10	3.4.6	符合
	北：电解整流二次盐水等（甲类二级）	21.5	12	3.4.6	符合
冷冻及氯压缩（乙类二级）	东：305变电所（戊类二级）	17.05	10	3.4.1	符合
	南：氢处理及盐酸（甲类二级）	23.3	12	3.4.1	符合
	西：一期氯气处理（乙类二级）	11.61	10	3.4.1	符合
	北：一次盐水精制（戊类二级）	27.9	10	3.4.6	符合

（5）重大危险源分析及相应安全措施。参照《危险化学品重大危险源辨识》（GB 18218—2018）编写，对项目中的重大危险源和重大危险源物质进行分析。

对项目进行危险与可操作性分析（HAZOP 分析），并说明采取的安全措施。

1.3.3 设备设计文档的编排和要求

1.3.3.1 塔设备计算说明书

以项目中一座分离塔设备为例，对其设计计算过程进行详细说明。根据 Aspen 工艺计算结果给出工艺优化参数，如设计压力、设计温度、介质名称、组成和流量、塔板数（填料高度）、加料板位置等，编制设计条件表。

对该塔设备进行结构参数设计，包括塔的尺寸、内件的结构与尺寸、开孔方位及尺寸等。根据选定的塔设备材质计算设备筒体壁厚、封头壁厚、裙座（或支耳）厚度、地脚螺栓大小及个数。

对该塔设备进行强度核算，包括风荷载计算、地震荷载计算及耐压试验校核。绘制设备条件图。

1.3.3.2 换热器计算说明书

以项目中一台换热器设备为例，对其设计计算过程进行详细说明。

对于管壳式换热器，应给出的设计条件包括管程及壳程的设计压力、设计温度、介质名称、组成和流量、换热面积、选用材质、污垢热阻等工艺参数。换热器的结构参数设计要求给出校核后的结果，如换热器结构型式、折流板型式和间距、壳程直径、换热管直径及计算长度、接管尺寸及方位等。换热器的强度计算要求对设备筒体壁厚、封头壁厚、管板厚度、设备法兰等内容进行复核。最后，根据设计结果绘制设备条件图。

对于板式换热器，应给出的设计条件包括热侧及冷侧的设计压力、设计温度、介质名称、组成和流量、换热面积、选用材质、污垢热阻等工艺参数。换热器的结构参数设计应给出换热器总传热面积、总板数、板尺寸、板间距、热侧及冷侧的程数及通道数、接管尺寸及方位等计算结果，并对其中各项的计算过程给出详细计算示例。最后，根据设计结果绘制设备条件图。

1.3.3.3 反应器设计说明书

以项目中一台反应器设备（反应分离集成设备均归为反应器类）为例，对其设计计算过程进行详细说明。反应器设计需给出外形尺寸、内件结构及参数。所有类型的反应器都要给出接管尺寸。

反应器设计条件应给出反应器工艺参数，如设备内筒及夹套（或盘管等）的设计压力、设计温度，进出口物料的介质名称、组成和流量，停留时间或空速等。反应器结构参数设计包括反应器外形尺寸，如直径及长度的设计计算、内件结构及参数的设计。对反应器计算过程给出详细计算示例，如果是搅拌釜反应器，应计算出搅拌功率；如反应器内有催化剂床层，则核算流动阻力降；如果是塔式反应器，给出反应塔段的持液量和气液相停留时间。绘制设备条件图。

1.3.3.4 工艺设备一览表

将项目中所有设备的设计和选型结果编制工艺设备一览表，注意正确区分定型设备和非标设备。工艺设备一览表应列出主要设备位号、主要设备技术规格、主要设备型号或图号、主要设备材质及数量。工艺设备一览表中所列设备应与PFD图纸一致。

1.3.4 设计图纸要求

1.3.4.1 图纸格式的规范性

课程设计所提交的设计图纸均需按照相关标准和规范进行绘制。图纸中对图框、标题栏、图标、图线和文字高度等内容的具体要求如下。

（1）图框。所有图纸应在 A1 图幅的图框内绘制。图框尺寸的控制按照《技术制图　图纸幅面和格式》（GB/T 14689—2008）执行，如图 1-1 所示。

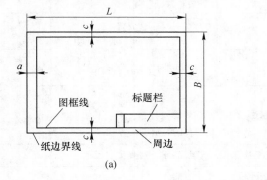
(a)

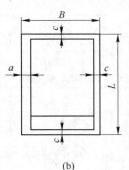
(b)

幅面代号	A0	A1	A2	A3	A4
$B \times L$	841×1189	594×841	420×594	291×420	210×297
c	10			5	
a	25				

(c)

图 1-1　设计图纸格式

（a）有装订边图纸（X 型）的图框格式；

（b）有装订边图纸（Y 型）的图框格式；（c）图框尺寸（mm）

（2）标题栏。标题栏中有项目名称、竞赛队名称，图纸设计、审核由不同人员承担。

（3）图标。设备图例等参考《化工工艺设计施工图内容和深度统一规定》（HG/T 20519—2009）中第 54 页表 8.0.6 中的图例绘制。

（4）图线。图线宽度参照表 1-3 的要求执行。

表 1-3   图线用法及宽度

类 别		图线宽度/mm			备注
		0.6~0.9	0.3~0.5	0.15~0.25	
工艺管道及仪表流程图		主物料管道	其他物料管道	其他	设备、机器轮廓线 0.25mm
辅助管道及仪表流程图、公用系统管道及仪表流程图		辅助管道总管、公用系统管道总管	支管	其他	
设备布置图		设备轮廓	设备支架、设备基础	其他	动设备（机泵等）如只绘出设备基础，图线宽度用 0.6~0.9mm
设备管口方位图		管口	设备轮廓、设备支架、设备基础	其他	
管道布置图	单线（实线或虚线）	管道		法兰、阀门及其他	
	双线（实线或虚线）		管道		
管道轴侧图		管道	法兰、阀门、承插焊螺纹连接的管件的表示线	其他	
设备支架图、管道支架图		设备支架及管架	虚线部分	其他	
特殊管件图		管件	虚线部分	其他	

注：凡界区线、区域分界线、图形接续分界线的图线采用双点划线，宽度均用 0.5mm。

（5）文字高度。参照表 1-4 的要求执行。由于标题栏的大小暂时未作要求，因此对标题栏内的文字高度暂不作要求。PFD 图中的物流表也不作字高具体要求，适中即可，不能太大或太小。文字高度应与图纸匹配，适中。

表 1-4   字体高度

书 写 内 容	推荐字高/mm
图表中的图名及视图符号	5~7
工程名称	5
图纸中的文字说明及轴线号	5
图纸中的数字及字母	2~3
图名	7
表格中的文字	5
表格中的文字（格高小于 6mm 时）	3

1.3.4.2 物料流程图（PFD）

将设计的工艺流程方案用 PFD 表示出来，注意流程结构的正确性和完整性。要求各主项内及主项间物料进出口完整、标识正确，设备进出口物料完整，物料流向标识正确，物流压力变化合理。对于有压力变化的位置要设置合理的阀门。流程中所有设备要在各设备图标处标示设备位号，另需在图纸中顶部或底部集中标示设备位号和对应的设备名称。

PFD 需配有完整物流表，表中物流号与图中物流号相对应。物流表中要包含各物料的质量流量、质量分率、密度、体积流量、操作参数（温度、压力等）、相态（气、液、固）及相态分率等内容。

1.3.4.3 带控制点工艺流程图（P&ID）

在 P&ID 中表示出全部工艺设备、物料管道、阀门、设备附件及工艺和自控仪表的图例、符号等。P&ID 和 PFD 中的流程结构、主要工艺设备数量位号、工艺流股的连接关系及流向应保持一致。注意各单元控制（精馏塔控制、换热器控制、泵流量控制、反应器操作参数控制）逻辑的正确性。

图中管道组合号的编制参照《化工工艺设计施工图内容和深度统一规定》（HG/T 20519—2009）中第 74 页第 12.2 节的要求执行，包含物料代号、主项编号、管道序号、管道规格、管道等级、绝热代号等内容。

1.3.4.4 设备布置图

设备布置图中每台设备的空间布局要求合理无冲突，能够正确利用位差，上下层的设备不碰撞，合理考虑检修位置、检修通道和安全疏散通道，上下层平面布置统一。每台设备的定位尺寸应该完整，建构筑物的尺寸标注应该完整。注意设备布置图中平面图与立面图的一致性。

1.3.4.5 总平面布置图

总平面布置图中应绘制风玫瑰图，有说明文字和相关技术指标（主要是指建筑面积、占地面积、容积率等）。总平面布置图中各区域要合理布局，重点考虑风向、功能分区、人员的进出、物流等方面。

总平面布置图中各个设施的布置应满足防火要求，主要考虑罐区、仓库、甲类厂房、中控楼（综合楼）等之间的间距，按照《建筑设计防火规范》（GB 50016—2014）表 3.4.1 和《石油化工企业防火设计规范》（GB 50160—2008）表 4.2.12 的要求设置安全距离（目前间距暂按建规不小于 12m 考虑）。总平面布置图中的消防措施主要考虑逃生通道、消防通道（含环形消防道）等的设置，以及事故水收集池、消防水系统（含必要的消防站）的设置等。

生产的火灾危险性应根据生产中使用或产生的物质性质及其数量等因素进行划分，划分的标准参见《建筑设计防火规范》（GB 50016—2014）表 3.1.1 生产的火灾危险性分类及表 3.1.3 存储物品的火灾危险性分类，在总平面图中、建筑物一览表中或图中建筑物附近标出均可。

1.3.5 设计源文件要求

1.3.5.1 化工过程全流程仿真设计

运用化工流程模拟软件对项目的生产工艺进行全流程模拟。要求模拟精度为默认精度（0.0001），在加热器中设置中国规格的公用工程，且包含循环物流和工艺流股间换热器。全流程能够正确运行无错误和警告（包括控制面板）得满分。

1.3.5.2 反应器设计

运用化工流程模拟软件至少完成一个速率模型反应器的模拟。主要反应工序均应采用速率模型反应器模拟，其中的主反应都用化学动力学（反应速率）模型、化学平衡模型或快速反应模型（动力学模型的极端形式）。如果用化学平衡模型或快速反应模型，则反应器模型中要包含传质速率对反应结果的影响，从而确定必需的反应器停留时间（或空速）。

化学反应速率模型的来源要有合理依据，所有的速率模型及其中的模型参数都应有正式发表的文献来源，以正确的格式和单位应用。若无法获取所有的模型参数，则其中部分速率模型和模型参数可以通过正式发表的文献资料用化学反应工程方法或传递过程方法间接估算获取，以正确的格式和单位应用，并附有正确的原理说明。

1.3.5.3 塔设备设计

运用化工流程模拟软件至少完成一座分离塔设备的设计。

首先，要求运用精确计算模型，对精馏、吸收和萃取过程用平衡级模型或传质速率模型进行计算，选用合理的相平衡模型表达物系的非理想性，反应精馏塔模型中对持料量（气相/液相）进行合理设置。对于吸附过程要采用 Aspen Adsorption 模块模拟，并合理设置吸附模型参数。

其次，对于所设计的分离塔设备要进行参数优化。对精馏塔的总板数（填料高度）、加料板和侧线出料板位置、回流比、侧线出料量进行优化；对吸收（解吸）塔的气液比进行优化，对萃取塔的萃取剂用量进行优化。

最后，对于所设计的分离塔设备要对其结构参数和负荷性能进一步优化。对于溢流型板式塔，降液管液位高度/板间距应介于 0.2~0.5，降液管液体停留时间应大于 4s，每块塔板的液泛因子（flooding factor）均应介于 0.6~0.85。对于填料塔，每段填料的高度应在 4~6m，段间设置液体再分布器，整个填料层的能力因子（fractional capacity）均应介于 0.4~0.8。

1.3.5.4 换热器设计

运用专业软件对至少两台换热器进行详细设计。要求换热器流态合理，传热系数应包括垢层热阻，换热面积应满足需求。换热器内冷、热流股的流态均应为湍流态（$Re>6000$）。传热系数应基于传热膜系数、固壁热阻和垢层热阻（输入合理的经验值）计算。实际传热面积应比计算所需传热面积大 30%~50%。要求换热器压降合理，一般情况下，出口绝压小于 0.1MPa（真空条件）时，压降不大于进口压强的 40%；出口绝压大于 0.1MPa 时，压降不大于进口压强的 20%，对于特殊情况要给出合理的说明。

1.4 课程设计中的注意事项

化工设计课程设计是一次较全面的设计实践活动，正确认识和处理以下几个问题，对完成设计任务和培养正确的设计思想都是十分有益的。

（1）端正工作态度，培养严谨作风。化工设计是一项复杂的系统工程，必须经过反复推敲和认真思考。设计过程不会是一帆风顺的，需要注意循序渐进，逐步完善。通常，设计、计算、优化、绘图、校核等各个环节要交叉结合进行。在整个设计过程中，每一个团队成员都必须具有刻苦钻研、一丝不苟、精益求精的态度，从而培养严谨的工作作风和团队协作精神。

（2）处理好继承与创新的关系。任何设计都不可能由设计者脱离前人长期经验的积累而凭空想象出来，同时，任何一项新的设计都有其特定的要求，没有现成的设计方案可供完全照搬照抄。因此，既要克服闭门造车、凭空臆造的做法，又要防止盲目地、不加分析地全盘抄袭现有设计资料的做法。设计者应从实际设计要求出发，充分利用已有的技术资料和成熟的技术，并勇于创新，敢于提出新方案，不断地完善和改进自己的设计。所以，设计是继承和创新相结合的过程。

正确地利用现有的技术资料和成熟的技术，既可避免许多重复工作、加快设计进度、提高设计的成功率，同时也是创新的基础。因此，对设计新手来说，继承和发扬前人的设计经验和长处，善于合理使用各种技术资料和成熟的技术尤为重要。设计者应从设计目标出发，在了解、学习和继承前人设计经验的基础上，发挥主观能动性，勇于创新，适当采用新技术、新工艺和新方法，以提高产品的技术经济性和市场竞争力。

（3）正确使用标准和规范，坚持安全生产与节能减排并重。在设计工作中，要遵守国家正式颁布的有关标准、设计规范等。设计工作中贯彻"五化"（一体化、露天化、轻型化、社会化、国产化），贯彻执行国家基本建设的方针政策，使设计做到切合实际，技术先进，经济合理，安全适用。严格遵循现行消防、安全、卫生、劳动保护等有关规定、规范，保障生产顺利进行和操作人员的安全。

　　坚持安全生产与环境保护并重，设计中应选用清洁生产工艺，在生产过程中减少"三废"排放，执行国家和地区的有关环保政策，对生产中的"三废"进行处理，并达到国家和地区规定的排放标准。坚持体现"社会经济效益、环保效益和企业经济效益并重"的原则，按照国民经济和社会发展的长远规划，行业、地区的发展规划，在项目调查、选择中对项目进行详细全面的论证。

2 工艺流程设计

工艺流程的设计是化工设计的灵魂和核心。在整个工艺设计中，设备选型、工艺计算、设备布置等工作都与工艺流程有直接关系，只有在流程确定后，其他各项工作才能得以开展。工艺流程设计涉及各个方面，而各个方面的变化又反过来影响工艺流程设计，甚至使流程发生较大变化，所以不可能一次设计好，而是最先设计，几乎最后完成。同时需要由浅入深，由定性到定量，分成几个阶段进行设计，最后才能完成施工阶段的工艺流程设计。

工艺流程设计的总体步骤大致可以描述为：在正式开始工艺流程设计前，首先进行工艺路线选择论证，当工艺路线和产品规模确定后，即可开始设计生产工艺流程草图，并且随着设计工作的深入，物料计算、能量计算、设备工艺计算等逐步展开，工艺流程草图也要由浅入深地不断修改、完善。工艺专业人员根据工艺流程草图及物料衡算计算结果，绘制物料流程图（PFD）。最后工艺专业人员根据物料流程图、工艺控制图（PCD）、物料平衡表及工艺操作要求、说明等资料绘制并完成各种版本的管道及仪表流程图（P&ID）。

2.1 工艺路线选择

工艺路线是把原料加工成为产品的方法，包括工艺流程、生产方法、工艺设备和技术方案等。工艺路线的选择就是要在各种可能的工艺路线中，经过比较确定一条效果最好的工艺路线为拟建项目采用。

工艺路线影响到项目投资、产品成本、产品质量、劳动条件、环境保护等各个方面，因而决定了项目投资后的经济效益和社会效益。能否选到适合的工艺路线，是项目能否成功的关键，因此，工艺路线的选择是项目可行性研究工作的核心，是必须首先确定的。

产品生产的工艺路线或技术方案的确定需要考虑的主要因素有技术上的可行性、经济上的合理性、原料来源、公用工程中的水源及电力供应、环境保护、安全生产、国家有关的政策法规等。经各方面比选后确立工艺路线，再进行工艺流程设计，即先由框图逐步完成工业生产实际的流程图。

2.1.1　工艺路线选择的工作步骤

化工生产的特点之一是生产方法的多样性，即技术路线的多样化，生产同一化工产品可采用不同的原料，经过不同的生产方法，即使采用同一种原料，也可以采用不同的生产方法、不同的工艺流程生产产品。随着化工生产技术的发展，可供选择的技术路线和工艺流程越来越多，所以要科学谨慎地选择工艺路线。若某个产品只有一种固定的生产方法，就无须选择；若有几种不同的生产方法，就要逐个进行分析研究，通过全面的比较分析，从中选出技术先进、经济合理、安全可靠的工艺路线，以保证项目投产后能达到优质、高产、低耗和安全运转。

工艺路线选择的大致工作步骤如下：

（1）比较现有的（文献中的）工艺流程，分析其各自的优缺点，力图在众多生产流程的基础上，综合分析，取长补短；

（2）取用一个较好的工艺路线和流程，加以修改、完善和简化，形成一个新的工艺路线方案或概念；

（3）用工程设计的方法，对新工艺方案进行必要的计算、评比，成为初步设计的参考。

2.1.2　工艺路线选择的方法和一般原则

2.1.2.1　资料筛选

从国内外文献报道的该产品的工艺路线出发，调查研究，比较正在运行的各生产流程的运营情况、技术要求和经济特点。了解已建成的生产工艺路线和流程的投资情况、工作效率、劳动生产率、设备制造的难易程度、维护保养的要求苛刻与否、原材料的消耗、转化率、水电气等动力消耗水平、流程的自动化水平和机械化水平、综合利用和"三废"治理情况、安全和劳动保护措施等。

2.1.2.2　原料选择

当某一种产品需要不止一种原料时，应率先确定原料，只有确定了原料，才能去搜索资料。一般是根据当地资源情况、原料的运输情况、不同原料引发出来的对工艺条件、转化率及工艺流程的影响等来选择原料，其中最重要的还是使用原料所产生的主、副产品是否满足需要。

对于工艺路线的选择和工艺流程的预设计，选择合理的原料路线是至关重要的一步。评价原料路线，要有相应的计算数据，需从原材料运输、价格、转化率、单耗、运营费用、操作人员、工艺要求等方面进行综合对比。有时，甚至要在流程预设计之后，再对原料路线和工艺流程一并进行评估，决定取舍。

2.1.2.3　生产方法选择

对于只有一种原料的生产过程，由于生产方法的不同，对原料有不同的要求。具有多种原料路线的产品，针对某一原料路线，也会有不同的生产方法。所以，不同的生产方法，也会引出一连串的需要综合评估的数据，在概念设计阶段必须反复比较，认真论证。

2.1.2.4 产物分离提纯路线选择

组合产物分离提纯的顺序，是建立产物净化方案首先应考虑解决的问题。在分离顺序确定过程中，势必有各类利弊，应认真分析。顺序决定之后，各分离净化步骤可能有不同的手段，经过多次反复比较，选择一个较好的分离方案。

确定分离顺序，一般依靠实际工作经验、参照有关工艺路线和流程的报道、专利、文献，以有利、方便、节省设备、保证产品质量为原则。在确定具体分离提纯单元方案时，通常考虑的是：

（1）设备先进，效率可靠，利于自动化；

（2）技术先进，操作可靠、方便、精确；

（3）有操作弹性，能应对杂质含量的波动；

（4）流程尽量短，设备尽量少，能够一举两得，一台设备发生多种净化作用的尽量采用；

（5）尽量不产生新的污染和"三废"，并综合利用；

（6）经济合理，投资和运营费用低。

2.1.2.5 "三废"治理和综合利用方案选择

在考虑工艺路线时，应尽量开发无污染工艺、闭路循环工艺。面对"三废"的产生，工艺应有处理和利用的方案，其基本思路是：

（1）尽量减少排出量、排放品种，尽量降低毒害物质排放量；

（2）尽量化害为利，回收利用，改造利用，转化利用；

（3）不能利用的"三废"要彻底、干净地处理，并防止二次污染。

对于第（1）点，往往是依靠原料路线的改进和合成反应方式改进来实现的，不同的原料路线，反应机理不同，可能产生的副反应、引起的"三废"数量和质量都可能不同。不同的反应方式和工艺控制条件，直接影响合成反应和"三废"的排出。在选择原料路线的合成方式时，应综合考虑，权衡利弊得失。

第（2）点和第（3）点是对不可避免产生的"三废"加以利用和处理的方案。所谓综合利用，就是将废水、废气、废渣用物理方法或化工操作方法制造某种化工产品，化废为利。从经济上衡量，不一定是最合理的，而从环境工程上来考虑，则是有利的，就应从几个方案中，选择出一个合理的利用方案。

废渣、废气经常用焚烧的方案来处理，废水经常是集中起来用物理、化学和生物的方法处理，达到能够循环使用或排放的标准水平。焚烧处理的方案和水处理方案也应因地制宜，根据"三废"性质，采用不同的处理方法，应力求避免造成二次污染。

2. 2 工艺流程的概念设计

工艺路线为工艺流程描绘了大致的轮廓，而一些具体的问题和细节，必须在工艺流程设计中进一步考虑。

2. 2. 1   工艺流程的设计任务

工艺流程设计的主要任务有两个：

（1）设计一个能够完成所规定的化工产品生产任务的工艺流程；

（2）在工艺流程设计的不同阶段，绘制不同的工艺流程图。

流程设计要确定生产流程中各个过程的具体内容、顺序和组织方式、操作条件、控制方案，确定"三废"治理方案，确定安全生产措施，达到加工原料以制得所需产品的目的，其具体工作内容如下。

（1）确定整个流程的组成。工艺流程反映了由原料制得产品的全过程，应确定采用多少生产过程或工序来实现全过程，确定每个单元过程的具体任务（即物料通过时要发生什么物理变化、化学变化和能量变化），以及每个生产过程或工序之间如何衔接。

（2）确定每个工序或单元操作的组成。对一个工序或单元操作来说，应确定每一单元操作中的流程方案及所需设备的型式，注意安排各单元操作与设备的先后次序，并明确每台设备的作用及其主要工艺参数。同一化工过程可以利用不同的方法和设备来完成，这时就需要根据具体情况选择一种最理想的方法及设备，例如输送液体的方法有压送法、真空吸入法及采用各种不同类型的泵来输送。这就需要结合车间的具体情况，例如物料的腐蚀性、黏滞性、易燃易爆性等选择一种最理想的输送方法。

（3）确定操作条件。为了使每个过程、每台设备准确地起到预定作用，应确定整个生产工序或每台设备的各个不同部位要达到和保持的操作条件。

（4）确定控制方案。为了正确实现并保持各生产工序和每台设备本身的操作条件，以及实现各生产过程之间的正确联系，需要确定正确的控制方案，选用合适的控制仪表。要考虑正常生产、开停车、事故处理和检修所需要的各个过程的衔接方法，还要增补遗漏的管线、阀门、过滤密封系统，以及采样、放净、排空、连通等设施，逐步完善控制系统，最后体现在管道及仪表流程图上。

（5）确定物流和能量的合理利用方案。要合理地做好能量回收和综合利用，降低能耗，据此确定水、电、蒸气和燃料的消耗，同时应合理地确定各个生产过程的效率，得出全装置的最佳总收率。

（6）确定"三废"治理方法。除了产品和副产品外，对全流程中所排出的

"三废"要尽量综合利用，对于那些暂时无法回收利用的，则需要进行妥善处理。

（7）确定安全生产措施。应对设计出来的化工装置在开车、停车、长期运转及检修过程中，可能存在哪些不安全因素进行认真分析，再遵照国家规定，结合以往的经验教训，制订出切实可靠的安全措施。根据"万无一失"的原则确定装置的防火、防爆、防毒措施。

（8）工艺流程的逐步完善。在确定整个流程后，要全面检查、分析各个过程的操作手段和相互连接方式，要考虑到开停车和事故处理等情况，增添必要的备用设备，增补遗漏的管线、阀门、采样、放净、排空、连通等设施。

（9）在工艺流程设计的不同阶段，绘制不同的工艺流程图。工艺流程要求以图解的形式表示出在化工生产过程中当原料经过各个单元操作过程制得产品时，物料和能量发生的变化及其流向，以及采用了哪些化工过程和设备（包括化学过程和物理化学过程及设备），再进一步通过图解形式表示出化工流程和计量控制流程。

流程图种类有多种，在不同的设计阶段，工艺流程图设计的内容及深度要求也不一样，要按相应的设计要求完成各种版本的工艺流程图。

2.2.2　工艺流程的设计原则

工艺流程的设计是一项复杂的技术工作，需要从技术、经济、社会、安全和环保等多方面考虑，并遵循以下设计原则。

（1）技术成熟先进，产品质量好原则。尽可能采用先进设备、先进生产方法及成熟的科学技术成果，以保证产品质量。技术的成熟程度是流程设计首先应考虑的问题，如果已有成熟的工艺技术和完整的技术资料，则应选择成熟的工艺技术进行项目的开发与建设，这样既保证了项目开发成功的可靠性，同时也节省了开发费用。作为投资建设项目的流程设计，总希望少承担些技术风险，但在保证可靠性的前提下，则应尽可能选择先进的工艺技术路线。

（2）节能降耗，资源充分利用原则。充分利用原料，努力提高原料利用率，提高生产率，采用高效率的设备，降低原材料消耗及水、电、汽（气）消耗，降低产品的生产成本，降低投资和操作费用，以便获得最佳的经济效益。

在流程设计中考虑节省建设投资，降低生产成本，可注意以下几方面：

1）多采用已定型生产的标准型设备，以及结构简单造价低廉的设备；

2）尽可能选用操作条件温和、低能耗、原料价廉的工艺技术路线；

3）选用高效的设备和建筑，以降低投资费用，并便于管理和运输，同时，也要考虑到操作、安全和扩建的需要；

4）工厂应接近原料基地和销售地域，或有相应规模的交通运输系统；

5）现代过程工业装置的趋向是大型、高效、节能、自动化、微机控制，而一些精细产品则向小批量、多品种、高质量方向发展，选取工艺方案要掌握市场信息，结合具体情况，因地制宜，充分利用当地资源和有利条件；

6）用各种方法减少不必要的辅助设备或辅助操作，例如利用地形或重力进料以减少输送机械；

7）选用适宜的耐久防腐材料，既要考虑在很多情况下跑、冒、滴、漏造成的损失，远比节约某些材料的费用要多，同时也要考虑化工生产是折旧率较高的行业；

8）工序和厂房的衔接安排要合理。

（3）安全生产原则。确保安全生产，以保证人身和设备的安全，充分预计生产的故障，以便即时处理，保证生产的稳定性。生产过程尽量采用机械化和自动化，实现稳产、高产。

（4）保护环境原则。尽量减少"三废"排放量，有完善的"三废"治理措施，以减少或消除对环境的污染，并做好"三废"的回收和综合利用。

在我国，"三废"治理和环境保护已步入法治轨道，国家规定了各种有害物质的排放标准，任何企业都必须达标排放，否则将是违法的。在开始进行生产方法和流程设计中，就必须考虑过程中产生"三废"的来源和采取的防治措施，尽量做到原材料的综合利用，变废为宝，减少废弃物的排放。如果工艺不成熟，工艺路线不合理，污染问题不能解决，则不能建厂。

（5）经济效益原则。这是一个综合的原则，应从原料性质、产品质量和品种、生产能力及发展等多方面考虑。

2.2.3　工艺路线的流程化

一个典型的化工工艺流程一般由 6 个单元组成，如图 2-1 所示。

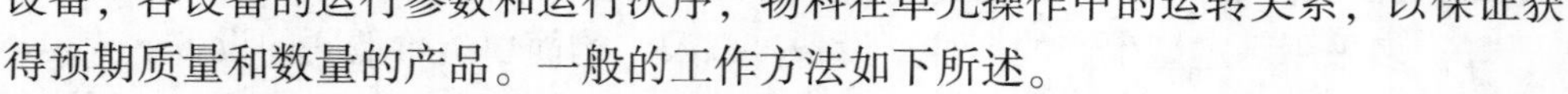

原料 → 原料储存 → 进料预处理 → 反应 → 产品分离 → 产品精制 → 包装 → 产品

图 2-1　一般化工生产工艺流程

通常，将工艺过程具体化的设计过程称为工艺路线的流程化，即将这 6 个单元详细地加以研究并具体化。确定各个过程需要的单元操作，各单元操作需要的设备，各设备的运行参数和运行次序，物料在单元操作中的运转关系，以保证获得预期质量和数量的产品。一般的工作方法如下所述。

（1）首先确定主反应过程。根据物料特性、产品要求、工业化规模、生产规模和基本工艺条件，决定采用连续化操作或者间歇操作。确定操作方式时，主要问题是应满足产品生产及产品质量和产量的要求，实现原材料消耗小、技术先进、操作方便、安全可靠等目标。在这方面有很多文献、资料，以及中试流程、工业化流程可供参考、借鉴。

（2）根据反应要求，决定原料储存和预处理流程。原料储存是指保证原料的供应与生产的需求相适应。在化工生产中，储存量主要根据原料的来源、运输方法（如空运、海运、铁路运输及公路运输）、原料的物理化学性质（如液体、固体、易燃易爆等）及运输所需的时间确定，一般要求储存量为几天至 3 个月。对本厂可以供应的，通常除在生产产品处有储存量之外，在车间也要有一定的储存量作缓冲之用。向反应阶段进料时，如果原料不符合要求，则需要进行预处理。有的原料纯度不高，通常经过分离提纯，有的原料需溶解或熔融后才能进料，固体原料往往需要破碎、磨粉及筛分等流程。

（3）根据产品质量要求和实际反应过程，确定产物净化分离的过程。在工艺路线筛选中，实际上已经大体决定了产物的净化程序。流程化的主要工作是根据主反应过程和生产连续化与否的要求，选择相应单元操作加以组合，安排相应设备和装置，并确定相应的工艺操作条件，把原料—反应的过程串联起来，形成"原料准备—主反应—产物净化"一个较为完整、通顺的过程。

用于产物分离的单元操作很多，往往是整个工艺过程最关键、最繁杂、最需要认真和机巧构思的部分。即使已经决定了分离过程的顺序之后，如何安排每一分离步骤的操作、设备和装置，以及它们之间的连通、分离的效果和能力等都需要认真思考、比选。

（4）产品的计量、包装或后处理工艺过程。有些生产的产品可能是销售的商品，有些产物可能是下一工序的原料，有些产物还要进行后处理，有些作为原料或商品的产物，即使不进行后处理，也需要有计量、储存、运输、包装等若干过程。

（5）副产物处理的工艺过程。在反应和分离阶段，有时会出现副产品，副产品是设计的产品方案的一部分，也需要"分离—后处理或包装"过程，处理方法和主产品相似，根据产品质量要求和反应特点、产物现状、设计需要的单元操作过程，确定每一步单元操作的流程方案和装置。

（6）"三废"排出物的综合治理流程。在生产过程中，考虑不得不排放各种废气、废水、废渣，其从产品流程中释放出来的途径和释放的流程，对于下一步正确处理"三废"，影响甚大，如废水的收集、废气的收集与处理或输送、废渣的排出方式、收集和储运装置、防止造成二次污染等问题。"三废"处理工艺也需要流程化，具体方法与主流程相同。

（7）确定动力使用和公用工程的配套。生产流程中必须使用动力电、水、蒸气、压缩空气、冷冻、电热、氨气，应考虑周全，加以配套供应，但不需流程化。

根据以上设计方法和步骤，将每一步产生的成果具体化为化工单元操作的流程方案和装置时，即实现工艺路线的流程化，进一步完善得到所需要的生产工艺流程图。图 2-2 为工艺路线的流程化工作流程示意图。

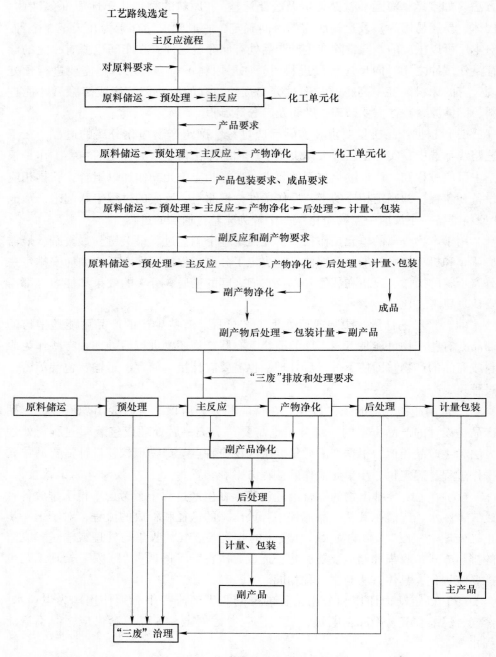

图 2-2   工艺路线的流程化工作流程

2.2.4　工艺流程的完善

2.2.4.1　工艺流程的细化和匹配

要考虑提高原材料的转化率和利用率，包括反应器的重新选择、催化剂的再生和利用率、溶剂和未转化物料的回收和循环流程、循环使用原料的净化精制流程等。

要尽量节省能量，注意物料流向，改进传热方案，尽量利用体系内的能量设计相应的预热、预冷方案等。不要过多地使用运输机械和其他动力，不要出现不合理的能量消耗。

要考虑"三废"的综合利用。如果可能在流程内消化"三废"，实现闭合循环当然很好，但当不得不排放时，要有安全可靠的处理流程或用适当的装置把"三废"引出工艺界区另行集中处理。

此外，还要考虑开停车的方便，操作人员工作起来方便、合理、安全，要有便利的取样分析条件，有良好的工艺条件的控制，有自动化、机械化、电子化、防火、防毒、防爆、防污染、防雷、防火花等装置。

经过这些工作之后，工艺流程的设计就进入了完善丰富的阶段，但很难说是完美的。

2.2.4.2　将流程尽量简化

一个完善的流程不一定越复杂越好，流程的简化常常从以下几方面着手：

（1）尽量采用先进技术，使反应的适应性增强，减少繁杂的原料精制和准备的过程；

（2）采用先进技术，力求分离过程的简化，分离过程通常比较复杂，可供选择的方案甚多，有简化的余地；

（3）尽量减少公用工程的复杂性。

2.2.4.3　制定工艺流程各装置设备的操作参数和操作控制条件

操作参数和操作控制条件是整个工艺流程设计的灵魂。如果没有操作条件，所有装置等于一堆废物，只有设计好装置设备的操作控制条件，它们才灵动起来。

温度是经常要考虑的操作控制条件。比如，放热反应，如何移去反应热；吸热反应，如何保持反应温度恒定。每台设备都要设计其操作参数，制定自动控制的参数，确定仪表和自控要求。比如精馏塔，必须设计塔顶和塔釜物料的成分、塔釜温度和塔的操作压力、塔顶温度，然后才能设计再沸器、塔顶冷凝器加以配套。

2.2.4.4　绘制方框流程图

经过以上设计工作，可以完成一个详细的方框工艺流程图，用以说明一个既定工艺流程所包含的每一个主要工艺步骤。这些工艺步骤或操作单元，用细实线的矩形框表示，注明方框名称和主要操作条件，同时用主要的物流将各方框连接起来。

方框流程图从表面上看比较简单，但它却能简明扼要地将一个化学加工过程的轮廓表达出来。一个化工生产过程或化工产品的生产大致需要经历几个反应步骤、需要哪些单元操作来处理原料和分离成品、是否有副产物、如何处理、有无循环结构等，这些在方框流程图中都要表达出来。

2.2.4.5　工艺流程方案编制成工艺流程简图

在方框流程图中，每一方框代表一个工序、一个步骤或一个单元操作，单元操作的基础理论、工艺过程、设备结构在化学工程、化工原理、反应工程等理论课程中，都有详尽介绍。利用化工设计等专业知识，把每个单元操作过程用设备简图的形式表示出来，然后再用物料流程线连接起来，就可得到工艺流程草图。

绘制工艺流程草图只需定性地标出物料由原料转化成产品时的变化、流程顺序及生产中采用的各种设备，以供工艺计算使用。因为这种图样是供化工工艺计算和设备计算使用的，此时绘制的流程草图尚未进行定量计算，所以其所绘制的设备外形，只带有示意性质，并无准确的大小比例，有些附属设备如料斗、泵、再沸器也可忽略，但个别要求深化的流程简图，可以在深化设计时加以标出。工艺流程草图一般由物料流程、图例、必要的文字说明组成。

流程框图中大部分单元操作，只需一个单体设备就能完成，如物料的输送、换热、混合、结晶、反应、分离、吸收、粗粉碎、计量、包装等。对于单台设备能完成的单元操作，直接将该工序换成相应设备简图即可。简图画法参考《化工工艺设计施工图内容和深度统一规定》（HG/T 20519—2009）中第 54 页表 8.0.6 中的图例绘制。图例中没有的可参考《化工生产流程图解》中的画法，或按实际设备轮廓简化。有些工序单元操作，如精馏、干燥、浓缩、粉碎等，不是单一设备能完成的，而需要一套生产装置完成，那么就需要将该工序或单元操作换成一套装置的设备简图。

2.2.5　工艺流程的比较和评估

从工艺流程方案开始，可能会有不止一种方案，在其后的工艺流程设计过程中，还会进一步分化，出现更多的不同选择，这就要进行比较和评估。在流程完善化方案设计之后，对几种流程方案比较时，要进行评估。

评估一般包括技术、经济、风险等几个方面，实际上这几个方面又不能截然分开。技术不先进，经济上肯定收效不好；技术过于先进或超前，风险当然比较大；为规避风险，有时采取折中的方案。总之，评估是一个综合的过程。

2.3 工艺流程的初步设计

初步设计阶段中的工艺流程设计是以工艺流程方框图为草图，进行工艺流程的量化设计，过程大致如下。

2.3.1 设备的操作参数确定

进入工程设计的初步设计阶段，首先要核实、校订、校正工艺流程简图上各设备的工艺操作参数，依据开发研究和工程经验，核对诸如温度、压力、投料配比、反应时间、反应热效应、操作周期、物料浓度等，并对流程的细节进行校核，如蒸气的稳压与分配、进料、排渣、换热、降温、升压、液位控制、再生装置的必要装备、需要清理和清洗的装置的附件等，将流程真正落实并完善，达到无一遗漏。

2.3.2 对流程进入量化设计计算

首先，考虑主装置的生产能力，确定年工作日和生产时间、维修时间、保修时间，按照设计的产量要求，留有一定的操作弹性。任何计算都不可能精确。

然后，要进行全流程的物料衡算，这是整个量化设计的基础。物料衡算的依据之一是产品的合成路线和合成反应的方程式与实际情形；依据之二是产品的质量指标和要求的年产量；依据之三是流程设备的工作时间、生产方式。间歇式生产按生产周期算，从年产量算出每一反应炉一个生产周期要求生产多少产品，连续式生产则要算出每小时的投料量和产量。

计算的方式有以下三种：

（1）从后往前算，比如年产 80000t 某产品，计算年工作时间为 8000h，则每小时应当产 10t 产品。从后面算起，则应先计算包装损失，假如是 1‰或 0.05‰，可以预算出包装储仓每小时的供应量，再算出精制和后处理的收率、精馏塔顶出料的流量，从精馏塔顶和塔釜的物料组成计算精馏塔的进料量，如此不断衡算。

（2）选定一个基准，由投料往后算，这要比第（1）种算法好。如以每小时 100kg 物料 A 投入反应器计算，根据投料配比的工艺操作参数可知原料 B 的投量和催化剂用量，可计算出反应器出口的物料量和组成，如此按流程一步一步算至成品。用 100kg/h 原料 A 的投入，得到多少产品，再将产品归整为设计的年产量，可以反过来得到原料 A 的真正投料量。

（3）已知原材料的消耗定额或大体设计一个消耗定额，可以十分方便地得出投料量，再根据原料循环、反应产物可以做出全系统的物料平衡计算。

一般化工设计项目经常采用第（2）种方法计算。对于成熟的小型工艺并有工业参数可资借鉴的，有时也按第（3）种方法粗算。

经过计算，某些化工装置尚不适应大型化，或大型化以后反应效率下降等情况，可以在设计流程中考虑有平行的两条或多条反应线。原料处理复杂或净化处理能力不配套时，可考虑设计平行的流程装置，设备的台件数在流程设计中应加以完备。经过设计能力和操作弹性设计，就可以将流程具体化到各个单元设备的台数和负荷。

接着要对流程进行热量平衡计算，特别要计算出加热、冷却、换热、传质、传热等设备的热负荷。

2.3.3　设备的选型和设计

对于每一个设备来说，已经在前面的衡算中算出了它的物料平衡关系，选择一个设备就不会很困难了。设备选型和设计的具体原则和方法将在第 3 章中进行详细介绍。

2.3.4　管道管件和控制点设计

初步设计阶段，不研究管道的配布、具体走向和排列，但要进行下列关于管道管件的设计：

（1）管道材料选择和确定；

（2）管道直径设计计算和选型，管道的直径和壁厚按规范选定；

（3）管件设计，阀门选择设计；

（4）管道特殊设计，包括管道连接、补偿器、保温隔热等；

（5）管道其他设计。

工艺控制点设计，包括需要控制的工艺参数，具体落实到各个设备上，并加以标明。

2.3.5　通过热量衡算确定公用工程的用量

热量衡算的方法是按流程简图上有热变化的设备逐一进行计算的。热量衡算中要规定物料的基准态，以便同一种物料在计算时有所参照。

热量衡算的结果，可以得出能量的消耗，对于水、电、蒸气、制冷量可以有定量的结果，从而确定公用工程的管道、流量，最终完成工艺流程图。

2.4　计算机辅助流程设计

流程设计是化工设计的重中之重，工艺流程方案涉及原料加工成为产品的方法，包括生产工艺、生产方法、工艺设备和技术方案等，需要进行大量的计算、分析、比较和优化工作。化工过程流程模拟就是借助计算机对化工生产过程进行求解和数字化描述。设计人员通过计算机强大的运算能力完成单元操作计算和多组分体系平衡计算，进行多种方案设计计算，来选择最适宜的工艺流程。相比手工计算，用计算机进行流程模拟可以节约大量时间，在有限时间内提供更多可供选择的技术方案。化工过程流程模拟已成为化学工程师设计新装置和对现有装置进行改进操作的重要工具。

2.4.1 化工流程模拟

化工流程模拟就是根据化工过程的数据，如物料的压力、温度、流量、组成和有关的工艺操作条件、工艺规定、产品规格及一定的设备参数，如蒸馏塔的板数、进料位置等，采用适当的模拟软件，将一个由许多单元过程组成的化工流程用数学模型描述，用计算机模拟实际或设计的生产过程，在计算机上通过改变各种有效条件得到所需要的结果。

在化工设计中，首先涉及流程的稳态模拟，其核心是物料和能量衡算、设备尺寸和费用计算、过程的技术经济评估。除稳态模拟外，还有流程动态模拟、过程优化、过程合成、能效分析及安全性和可靠性分析。这些内容在工程设计中将变得日益重要。

一个化工流程的模拟计算由许多迭代和集成步骤组成，是建立在单元操作数学模型基础上的流程系统的数学模拟，也就是通过整个系统的物料与热量衡算来确定各部位流股的温度、压力及组成，从而显示流程系统的性能。对具体的流程系统，要灵活运用一般的原理和方法，面对要模拟的流程通常可以采用如下做法：

（1）全面了解流程系统的工艺流程，如采用的原料、所经历的加工步骤、获取的产品、采用的过程设备、所控制的工艺参数等；

（2）根据涉及物料的种类和状态收集流程涉及组分的基础物性，再根据涉及物料的种类和状态选择或开发适宜的物理化学性质计算方法；

（3）进行过程单元的模型化和模拟，除了选用一般模拟器中已有的模块外，还要针对所遇到的特殊情况开发专用的单元模块；

（4）选择或开发适合本问题的系统模拟方法，完成对流程系统的模拟分析。

2.4.2 Aspen Plus 软件

随着计算机硬件、软件和数据库技术的进步，计算机辅助化工过程设计软件的开发和应用发展极为迅速，出现了大量较为成功的模拟系统软件，如 Aspen Plus、Pro/Ⅱ、HYSYS、ChemCAD 等。

2.4.2.1 Aspen Plus 简介

Aspen Plus 是一款功能强大的集化工设计、动态模拟等计算于一体的大型通用过程模拟软件。它起源于 20 世纪 70 年代后期，当时美国能源部在麻省理工学院（MIT）组织开发新型第三代过程模拟软件，这个项目称为 "先进过程工程系统"，简称 ASPEN（Advanced System for Process Engineering）。这一大型项目于 1981 年年底完成。1982 年 Aspen-Tech 公司成立，将其商品化，称为 Aspen Plus。这一软件经过历次的不断改进、扩充和提高，成为全世界公认的标准大型化工过程模拟软件。

Aspen Plus 为用户提供了一套完整的单元操作模块，可用于各种操作过程的模拟及从单个操作单元到整个工艺流程的模拟。全世界各大化工、石化生产厂家及著名工程公司几乎都是 Aspen Plus 的用户。它以严格的机理模型和先进的技术赢得了广大用户的信赖。

Aspen Plus 主要由以下三部分组成。

（1）物性数据库。Aspen Plus 具有工业上最适用且完备的物性系统，其中包含多种有机物、无机物、固体、水溶电解质的基本物性参数。Aspen Plus 计算时可自动从数据库中调用基础物性进行热力学性质和传递性质的计算。此外，Aspen Plus 还提供了几十种用于计算传递性质和热力学性质的模型方法，其含有的物性常数估算系统（PCES）能够通过输入分子结构和易测性质来估算缺少的物性参数。

（2）单元操作模块。Aspen Plus 拥有 50 多种单元操作模块，通过这些模块和模型的组合，可以模拟用户所需要的流程。除此之外，Aspen Plus 还提供了多种模型分析工具，如灵敏度分析模块。利用灵敏度分析模块，用户可以设置某一操纵变量作为灵敏度分析变量，通过改变此变量的值模拟操作结果的变化情况。

（3）系统实现策略。对于完整的模拟系统软件，除数据库和单元模块外，还应包括以下几部分。

1）数据输入。Aspen Plus 的数据输入是由命令方式进行的，即通过三级命令关键字书写的语段、语句及输入数据对各种流程数据进行输入。输入文件中还可包括注解和插入的 fortran 语句，输入文件命令解释程序可转化成用于模拟计算的各种信息，这种输入方式使得用户使用软件特别方便。

2）解算策略。Aspen Plus 所用的解算方法为序贯模块法及联立方程法，流程的计算顺序可由程序自动产生，也可由用户自定义。对于有循环回路或设计规定的流程必须迭代收敛。

3）结果输出。可把各种输入数据及模拟结果存放在报告文件中，可通过命令控制输出报告文件的形式及内容，并可在某些情况下对输出结果作图。

Aspen Plus 可用于多种化工过程的模拟，其主要的功能体现在以下几个方面：

（1）对工艺过程进行严格的质量和能量平衡计算；

（2）可以预测物流的流量、组成及性质；

（3）可以预测操作条件和设备尺寸；

（4）可以减少装置的设计时间，并进行装置各种设计方案的比较；

（5）帮助改进当前工艺，主要包括可以回答"如果……，那会怎么样"的问题，在给定的约束内优化工艺条件，辅助确定一个工艺的约束部位，即消除瓶颈。

2.4.2.2　Aspen Plus 学习指导

一个流程模拟得顺利与否，主要取决于对该工艺过程的理解。要根据化工基础知识，选择适合的模拟方法和策略，软件只是工具，切勿本末倒置。下面给出几点学习 Aspen Plus 的经验，以帮助初学者更快速地入门 Aspen Plus。

（1）学习 Aspen Plus 的经典书籍。由孙兰义主编的《化工过程模拟实训——Aspen Plus 教程（第 2 版）》基于 Aspen Plus 8.4 版本，系统介绍了 Aspen Plus 软件的操作步骤及应用技巧，非常适合初学者。由熊杰明、李江保主编的《化工流程模拟 Aspen Plus 实例教程》基于 Aspen Plus 8.4 版本及之后，通过典型问题的求解方法、步骤和技巧的展示，由浅入深地介绍了 Aspen Plus 及其与 EDR、Energy Analyzer、Economic Evaluation、Batch Modeler、Dynamics 和 Excel 等专业软件的连接和联合使用，解决化工过程中的模拟、设计与优化问题，适合有一定 Aspen Plus 使用经验的初学者自学以提高应用水平。由包宗宏、武文良主编的《化工计算与软件应用》以 Aspen Plus 及其系列软件为计算工具，以化工过程实例为线索，介绍了化工计算中的基本原理、计算方法与解题技巧，是学习 Aspen Plus 的进阶之作，在各种案例分析中具有非常好的实用性。除此以外，利用好 Aspen 自带的 Help 功能，对解决实际流程模拟过程中的具体问题大有裨益。

（2）结合专业知识认识单元模块。Aspen Plus 拥有 50 多种单元操作模块，其单元模块的思想与化工原理课程中的单元操作的思想基本相同，都是将具有共性操作过程的共性描述抽象出来进行数学建模，并结合计算机技术进行编程，从而解决化工过程的计算问题。要用好 Aspen Plus，首先要学好"化工热力学""化工原理""化工分离过程""化学反应工程"等几门课程，只有熟悉理论，才能根据 Aspen Plus 的单元模块特征，选择适于解决相应问题的模型，并合理设置参数。

（3）在实践中锻炼和提高。初学 Aspen Plus，通过练习 Aspen 教程中的具体例题，可以在实践中快速入门。在练习中勤于思考，对同一过程采用不同的方案流程和物性方法进行模拟，进而比对分析，更有利于深入理解各个模块单元。

（4）工艺流程模拟经验总结。进行实际工艺流程模拟时，可参考如下原则：

1）将总流程划分为一系列子流程；

2）为每个子流程选用准确的物性方法；

3）开始模拟子流程时，可以取消能量衡算；

4）计算时先采用系统默认设置，如撕裂物流的收敛算法采用默认的韦格斯坦算法，一般此算法能解决大多数问题；

5）最初计算时使用较宽松的设计规定；

6）随着流程的建立，严格模块逐步替代简单模块（一次替换 1 个或 2 个），并进行能量衡算；

7）严格模块首先单独运行，进料物流数据以简单模块计算结果为初值；

8）当将严格模块用于带循环的子流程时，将简单模块的计算结果作为其撕裂物流的初值；

9）如果 Aspen Plus 选定的撕裂物流不合适，则指定新的撕裂物流，收敛模块由新指定的撕裂物流确定，有时还需要重新指定求解顺序；

10）当所有子流程计算完成后，将其组合为一个完整的流程，此时的流程计算可能需要改变撕裂流股，设计规定也逐步严格，直到整个流程收敛。

2.5　化工过程节能与优化设计

化工行业是我国经济发展的重要支柱产业之一，但也具有高能耗、高污染的问题。近年来随着社会的不断进步，我国经济领域发展也逐步摆脱"先污染后治理"的老路，全面转向绿色、环保发展之路。2015 年 5 月，国务院发布《中国制造 2025》战略文件，是中国实施制造强国战略第一个十年的行动纲领。其中强调坚持绿色发展，坚持把可持续发展作为建设制造强国的重要着力点，加强节能环保技术、工艺、装备推广应用，全面推行清洁生产；发展循环经济，提高资源回收利用效率，构建绿色制造体系，走生态文明的发展道路。各个行业开始节能减排、环保降耗改革措施，极大促进人与环境的和谐发展。

具体到化工领域，基于绿色发展理念对化工工艺进行设计与优化，将绿色理念贯穿于整个行业发展之中，发展循环经济实现清洁生产。不仅有利于提高企业产品质量，推动行业的转型升级；更有助于建立资源节约型社会，实现经济与环境的可持续发展。

在化工行业发展中，化工工艺设计具有决定性的作用，主要是借助对生产设备设置、工艺流程规划及管道系统布局等方面进行设计，实现化工生产的优化。化工行业实现绿色节能与减排降耗，离不开新工艺与新技术的应用，积极采用现代化生产工艺，引进现代生产设备与技术，才能从根本上实现节能目标，为企业创造更多的价值。随着科学技术的发展，在化工领域也出现许多新技术与新设备。在化工设计中将之引入其中才能满足未来化工行业发展需要。下面简要介绍几种常见的化工过程节能技术。

2.5.1 夹点技术

夹点技术是英国 Bodo Linnhoff 教授等人于 20 世纪 70 年代末提出的换热网络优化设计方法，后来又逐步发展成为化工过程综合的方法论。夹点技术是从装置的热流分析入手，以热力学为基础，从宏观的角度分析系统中能量流沿温度的分布，从中发现系统用能的"瓶颈"所在。因为夹点技术具有简单、直观、实用和灵活等特点，被广泛应用于新过程的设计和旧系统的改造，产生了巨大的经济效益。

2.5.1.1 夹点的定义

化工工艺过程中存在多股冷、热物流，冷、热物流间的换热量与公用工程耗量的关系可用温-焓(T-H)图表示。温-焓图以温度 T 为纵坐标，以热焓 H 为横坐标。热物流线的走向是从高温向低温，冷物流线的走向是从低温到高温。物流的热量用横坐标两点之间的距离（即焓差 ΔH）表示，因此物流线左右平移，并不影响其物流的温位和热量。多股冷、热物流在 T-H 图上可分别合并为冷、热物流复合曲线，两曲线在横坐标上投影的重叠即为冷、热物流间的换热量，不重叠的即为冷热公用工程耗量。当两曲线在水平方向上相互移近时，热回收量 Q_x 增大，而公用工程耗量 Q_c 和 Q_H 减小，各部位的传热温差也减小。当曲线互相接近至某一点达到最小允许传热功当量温差 $\Delta T_{\min}$ 时，热回收量达到最大（$Q_{x,\max}$），冷、热公用工程消耗量达到最小（$Q_{c,\min}$，$Q_{H,\min}$），两曲线运动纵坐标最接近的位置称为夹点，如图 2-3 所示。

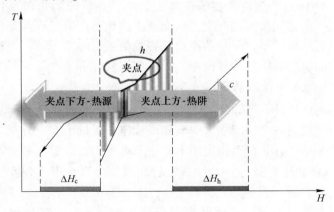

图 2-3 温-焓(T-H)图

2.5.1.2 夹点分析法

夹点分析法是将一个需优化的换热网络的冷、热流体的复合线表示在温-焓图上，而冷、热流体的复合线最短处，就是该换热网络的夹点，此时的温差即为夹点温差（$\Delta T_{\min}$），如图 2-3 所示。通过夹点将整个换热网络分为两部分：上部为热端，需从公用工程得到热量被加热；下部为冷端，需从公用工程吸收冷量被冷却。当夹点处的能量为零时，该系统的能量得到了充分利用，从公用工程得到的能量最小。这个状态是换热网络优化的终极目标。但实际上，由于达到该状态时需付出较大的代价，因此应选择合适的夹点温度，以得到最经济的换热网络。

换热网络设计自由度较大，设计方法众多。对于不同的设计方法，选取合适最小换热温差的顺序也有所差别，但均需要根据操作费用、能源费用所构成的总费用最小化来进行设计，故需要谨慎审视最小换热温差的影响（一般理论上认为 10~20℃为适宜换热温差）。

为了达到最小公用工程消耗，实现最大能量回收，利用夹点技术对换热网络进行设计时，需遵循以下 3 个基本原则：

（1）不应有跨越夹点的传热；

（2）夹点之上不应设置任何公用工程冷却器；

（3）夹点之下不应设置任何公用工程加热器。

夹点物流匹配的原则如下。

（1）夹点热端，热流的总物流数（原有热流数和热流分配的数目之和）不大于冷端的总物流数（原有冷流数和冷流分配的数目之和）；夹点冷端，热流的总物流数不小于冷端的总物流数。

（2）夹点热端，每一热流夹点匹配的比热容（$c_{p,H}$，包括原有热流数和热流分配）不大于每一冷流夹点匹配的比热容（$c_{p,C}$，包括原有冷流数和冷流分配）；夹点冷端，每一热流夹点匹配的比热容不小于每一冷流夹点匹配的比热容。

（3）每一换热器的热负荷要等于匹配的冷、热物流的热负荷较小者，如此可以使该物流一次达到所需的温度，从而减少换热器的数量，降低优化带来的设备投资；在以上的前提下，尽量选择比热容数值接近的冷、热物流进行匹配，如此可使所选择的换热器结构相对简单，设备费用较低。

2.5.1.3 夹点分析法的 Aspen 实现过程

Aspen Energy Analyzer（简称 AEA）是 Aspen Tech 公司旗下产品，是进行换热网络设计与优化的一个功能强大的概念设计包，提供了夹点分析与换热网络设计优化的环境，是 Aspen 在工程应用上的一个重要工具。AEA 软件在用户定义了 $\Delta T_{\min}$后，可以自动绘制温-焓图，生成复合曲线，可以在很大程度上提高工作效率，使用也非常方便。

下面以一个简单的例子来说明夹点分析法的 Aspen 实现过程。物料定义见表 2-1中的入口温度和出口温度。

表 2-1 各段物流信息表

物流名称	入口温度/℃	出口温度/℃	热容流率/kW·℃⁻¹	焓值/kW
H_1	150	60	2.0	180.0
H_2	90	60	8.0	240.0
C_1	20	125	2.5	262.5
C_2	25	100	3.0	225.0

（1）对于一个新的项目，进行热集成分析之前，需采用 Aspen Plus（或者 Aspen HYSYS）软件对所要分析的实例进行稳态模拟，得出如表 2-1 所示的各段物流的热容数据。进入 AEA，建立 H-I case，然后在 Process Streams 表单中输入以上的数据。AEA 自动生成温-焓图和总复合曲线，如图 2-4 和图 2-5 所示。

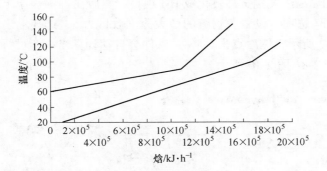

图 2-4 实例温-焓示意图

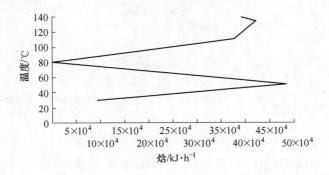

图 2-5 实例总复合曲线图

（2）当最小换热温差为 12℃时，流程操作总费用最低，也在较为理想的理论换热温差之内。最小传热温差与总费用的关系曲线如图 2-6 所示。

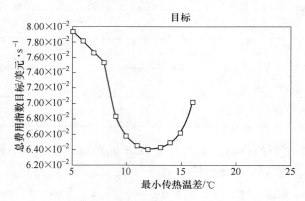

图 2-6　最小传热温差与总费用的关系曲线

（3）将 H-I case 案例文件转化成 H-I 项目，然后在 case 表单上右键选择 Recommend Designs 选项，设置各物流的最大分割数目为 5，选择输出的设计方案为 3 个，如图 2-7 所示。然后点击 Solve，软件会自动计算出 3 个可行的换热网络集成方案，如图 2-8~图 2-10 所示。

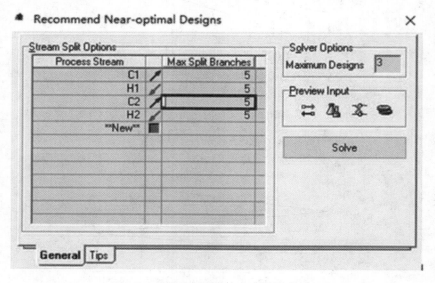

图 2-7　物流分割及输出方案数设定界面

从图 2-8~图 2-10 可以看出：方案 1、方案 2 实现该换热过程均采用了 7 台换热器，方案 3 实现该过程使用了 8 台换热器。软件给出的方案比较结果见表2-2。

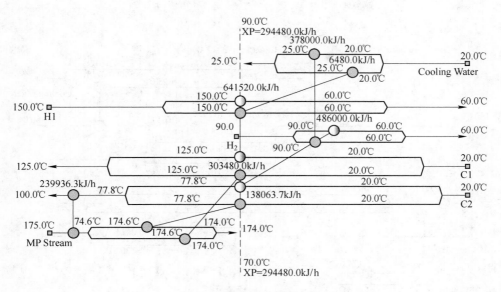

图 2-8 换热网络集成方案 1

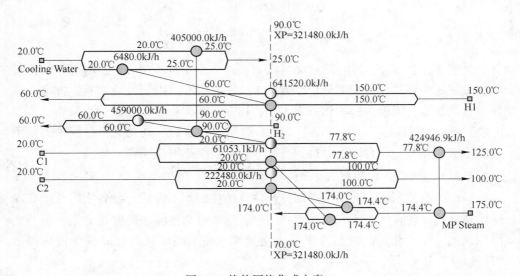

图 2-9 换热网络集成方案 2

表 2-2 软件给出的 3 种方案比较结果

方案	运行成本/美元·s⁻¹			公用工程 加热/kJ·h⁻¹	公用工程 冷却/kJ·h⁻¹	设备数/台	换热面积/m²
	加热	冷却	操作				
1	4.16×10^{-4}	2.27×10^{-5}	4.39×10^{-4}	681480	3844801	7	159.66
2	4.33×10^{-4}	2.43×10^{-5}	4.57×10^{-4}	708480	411480	7	136.36
3	4.33×10^{-4}	1.54×10^{-5}	3.56×10^{-4}	558000	261000	8	155.28

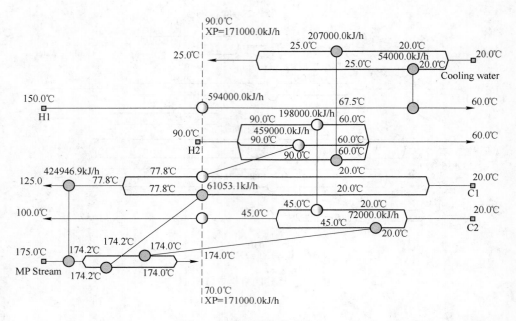

图 2-10 换热网络集成方案 3

从表 2-2 中各方案的消耗对比可以看出：方案 1 或方案 2，公用工程的消耗均比方案 3 大；从设备投入分析，方案 1、方案 2 均采用 7 台换热器，方案 3 采用 8 台换热器，但换热面积比方案 1 小，比方案 2 大；从长远运行来分析，方案 3 综合公用工程远远小于其他两个方案。对于工程项目，其在运行过程中能量消耗为最大消耗源。综合以上分析，方案 3 为最优换热网络实现方案。

2.5.1.4 换热网络优化原则

生成的换热网络方案未考虑部分换热器换热面积不合理、设备之间长距离输送换热导致设备费用巨大等实际生产问题，选取自动推荐中的较优方案，进行实际厂区的手动优化，此时需要根据优化规则，在节能降耗的同时减少换热器数目，以达到投资费用最少的目的。

在设计过程中主要遵循以下原则：

（1）与精馏塔冷凝器、再沸器关联的换热流股不分流；

（2）避免长距离换热流股输送；

（3）避免流股大量分割；

（4）完全消除 loop 回路；

（5）减少 path 通路影响；

（6）减少换热设备数量。

2.5.2　分离过程的节能

化工生产中通常包括有多组分混合物的分离操作，单从能耗来看，分离过程（蒸馏、干燥、蒸发等）在化工生产中约占 30%，而设备费用则占总投资的 50%~90%。所以改进分离过程的设计与操作非常重要，选择合理的分离方法，确定最优的分离序列，是分离流程优化的目的。

分离序列的确定，就是从可能的分离序列中找出在产品的技术经济指标上最优的流程方案。技术经济指标包括设备投资费、公用工程（水、电、气）的能源消耗、操作管理等各方面，这些指标又综合体现在产品的成本上。目前，确定分离序列的方法有试探合成、调优合成和最优分离合成三类。最优分离合成属于非线性混合整数规划问题，既要对可能构成的序列做出离散决策，又要对每个分离器（塔）的设计变量做出连续决策；既要找出最优分离序列，又要找出其中每个分离器的设计变量最优值。对组分数较多的分离问题，利用最优分离合成确定分离序列至今尚未实现。下面主要介绍选择分离方法时的试探法和确定分离序列时的试探法。

2.5.2.1　选择分离方法时的试探法

可选择的分离方案数会随着分离方法的增加而显著增加，因此，选择合适的分离方法，用所选分离方法合成分离序列非常重要。但目前选择分离方法尚无严格的规则可遵循，而是采用试探规则。这些试探规则是根据过去的经验和对研究对象的热力学性质进行定量分析所得到的结论。显然，根据试探规则得出的结论不一定是最佳方案，但是它能大量减少可能的方案数，以提高设计速度。

试探法能够帮助确定工艺条件和结构。部分试探法则如下：最佳回流比为最小回流比的 1.2~1.4 倍；返回到冷却水塔的冷却水温度不应超过 50℃，热交换器中的最小温度差应以 10℃ 为限等。这些法则对于设计师来说是有用的，它有助于弥补缺少的研究条件。假定任务是要进行分离，采用试探法，便会大大缩小研究过程的范围。选择分离方法的试探规则如下。

（1）在选择分离方法时应首先考虑采用精馏，只有在精馏方案被否定后才考虑其他分离方案，因为精馏分离具有以下突出优势：

1）精馏是一个使用能量分离剂的平衡分离过程；

2）系统内不含有固体物料，操作方便；

3）有成熟的理论和实践；

4）没有产品数量的限制，适合于不同规模的分离；

5）常常只需要能位等级很低的分离剂。

但当关键组分间的相对挥发度 $a \leqslant 1.05 \sim 1.10$ 时，则不宜采用普通精馏，而应考虑采用加入第三组分的分离方法。分离时，应优先采用常温常压操作。如果精馏塔塔顶冷凝器需用制冷剂，则应考虑以吸收或萃取代替精馏。如果精馏需用真空操作，可以考虑用萃取替代。

（2）应优先选择平衡分离过程而不选择速度控制过程。速度控制过程例如电渗析、气体扩散过程，需要在每个分离级加入能量；而精馏吸收、萃取等平衡分离过程，只需一次加入能量，分离剂在每一级重复使用。

（3）选择具有较大分离因子的分离过程。具有较大分离因子的过程需要比较少的平衡级和分离剂，因而分离费用较少。表 2-3 为各种分子性质对分离因子的定性影响，可以根据混合物各组分分子性质的差异程度来选择有较大分离因子的分离过程。例如，若各组分的偶极矩或极性存在显著差异，采用以极性溶液为溶剂的萃取精馏可能是合适的。

表 2-3　不同的分子性质对分离因子的影响

分离方法	纯物质的性质					物质添加剂的性质		
	分子质量	分子体积	分子形状	偶极矩和极化强度	电荷	化学平衡	分子形状和大小	偶极矩和极化强度
蒸馏	2	3	4	2	0	0	0	0
结晶	4	2	2	3	2	0	0	0
萃取与吸收	0	0	0	0	0	2	3	2
一般吸附	0	0	0	0	0	2	2	2
分子筛吸附	0	0	0	0	0	0	2	3
渗析	0	2	3	0	0	0	1	3
超过滤	0	0	4	0	0	0	1	0
超离心分离	1	0	0	0	0	0	0	0
气体扩散	0	0	0	0	0	0	0	0
电渗析	0	0	0	0	1	0	2	0
离子交换	0	0	0	0	0	1	2	0

（4）当分离因子相同时，选择能量分离剂而不选择质量分离剂。当采用质量分离剂时，需要后续流程增设一个分离器用于分离剂和产品再分离，因而增加了分离过程的费用。

（5）如果一个分离过程需要极端的温度或压力、耐腐蚀的设备材料或者高电场等条件，则可能使分离过程的费用高昂。若有其他可行的方案，应进行经济评价后决定取舍。

虽然这些试探法在许多实际情况下是互相矛盾的，它至少可以缩小考虑过程的范围，并减少需要研究的过程数目。

2.5.2.2 确定分离序列时的试探法

在对产品进行分离时，应尽量采用以下通用法则。

(1) 尽快除去热稳定性差和有腐蚀性的组分。腐蚀性组分对设备有腐蚀作用，除去腐蚀性组分可以使后续的设备使用普通的材料，降低设备投资费用。

(2) 宜选用使料液对半分开的分离，即 $D \approx W$。当 D 与 W 接近时，两塔段中呈现等同情况，塔的总体可逆程度增大，有效能损耗得到减小。宜将高回收率的分离留到最后进行。因为此时要求有很多塔板，塔较高，如果这时还有其他非关键组分存在，塔中气相流率将增大，塔径也将增大，又高又大的塔将增大投资。宜将原料中含量最多的组分首先分出，含量最多的组分分出后，就避免了这个组分在后继塔中的多次蒸发、冷凝，减小了后继塔的负荷，比较经济。

(3) 尽快除去反应性组分或单体。反应性组分会对分离问题产生影响，所以要尽快除去。单体会在再沸器中结垢，因此应该在真空条件下操作，以便降低塔顶和塔釜的温度，使聚合速率下降。而真空塔比加压塔的操作费用高。

(4) 避免采用真空蒸馏或冷冻等较为极度的操作方式。

对于精馏过程的分离序列，纳奇尔（Nadgir）等人于 1983 年提出了有序试探法，包括以下 7 条著名的经验规则：

(1) 优先采用普通精馏；

(2) 避免减压操作和使用冷冻剂；

(3) 推荐将各组分按由轻到重的顺序逐一分离（顺序分离）；

(4) 具有腐蚀性和危险的组分先分出；

(5) 易分离的组分应放在前面分离，难分离的应放在最后处理；

(6) 进料中占据份额大的产物应该首先分离出去；

(7) 最好采用塔顶馏出物和塔底产物流量近于相等的摩尔分配。

这 7 条经验规则的次序不能变动，排在前面的经验规则优于后面的，如此可以克服各规则之间的矛盾。

2.5.3 精馏节能技术

精馏过程是流程工业中应用最成熟和最广泛的分离技术。由于它技术成熟、可靠和有效，在工业上的应用远远超过其他任何一种分离技术，是大型流程工业中的首选通用分离技术。在流程工业领域，特别是在化工及石化、炼油等工业，在可预见的未来尚不可能被其他技术所替代。然而，精馏过程也是高能耗的过程，在大型流程工业中所占能耗比例可超过 40%。同时，精馏又在热力学上是低效的耗能过程，有极高的热力学不可逆性。精馏过程的节能主要有以下几种基本方式：提高塔的分离效率，降低能耗和提高产品回收率；采用多效精馏技术、热泵技术、热耦精馏技术、新塔形和高效填料等。

2.5.3.1 多效精馏技术

多效精馏过程是以多塔代替单塔，各塔的能位级别不同，能位较高的塔排出的能量用于能位较低的塔，从而达到节能目的。由于多效精馏要求后效的操作压强和溶液的沸点均较前效的为低，因此可引入前效的二次蒸气作为后效的加热介质，即后效的再沸器为前效二次蒸气的冷凝器，仅第一效需要消耗蒸气；多效精馏中，随着效数的增加，单位蒸气的耗量减少，操作费用降低。多效精馏的节能效果 η 与效数 N 的关系为：

$$\eta = \frac{N-1}{N} \times 100\% \tag{2-1}$$

多效精馏按进料与操作压力梯度方向是否一致划分，可归纳为并流 [见图 2-11 (a) 和 (b)]、逆流 [见图 2-11 (c)] 和平流流程 [见图 2-11 (d)]。但由于精馏过程可以是塔顶产品，也可以是塔底产品经各效精馏，多效流程有更多的选择。

图 2-11 (a) 所示的串联并流装置是最常见的。此时，外界只向第 2 塔供热，塔 2 顶部气体的冷凝潜热供塔 1 塔底再沸用。在第 1 塔塔底处，其中间产品的沸点必然高于由第 2 塔塔顶引出的蒸气的露点。为了由第 2 塔向第 1 塔传热，第 2 塔必须工作在较高的压力下。

图 2-11 (c) 所示的双级逆流精馏操作中物料从低压塔进料，低压塔的釜液作为高压塔的进料。加热蒸气从高压塔再沸器进入，产生的高压塔顶蒸气作为低压塔再沸器的热源。图 2-11 (d) 平流型流程中，原料被分成大致均匀的两股分别送入高、低压两塔中，其中以高压塔塔顶蒸气向低压塔塔釜提供热量，两塔均从塔顶、塔釜采出产品。

多效精馏在应用中受许多因素的影响。首先，效数受投资的限制。效数增加，塔数相应增加，设备费用增高；效数增加使得热交换器传热温差减小，传热面积增大，故热交换器的投资费用也增加。因此，投资的增加与运行费用的降低相互矛盾，制约了多效装置的效数。其次，效数受到操作条件的限制。第 2 塔中允许的最高压力与温度受系统临界压力和温度、热源的最高温度及热敏性物料的允许温度等限制；而操作压力最低的塔通常受塔顶冷凝器冷却水温度的限制。由于这些限制，一般多效精馏的效数为 2，个别也有用 3 效的。

从操作压力的组合，多效精馏各塔的压力有加压-常压、加压-减压、常压-减压、减压-减压四种方式。不论采用哪种多效方式，两效精馏操作所需热量与单塔精馏相比，都可以减小 30%～40%。

2.5.3.2 热泵精馏技术

热泵实质上是一种把冷凝器的热"泵送"至再沸器里去的制冷系统。热泵精馏是依据热力学第二定律，给系统加入一定的机械功，将温度较低的塔顶蒸气

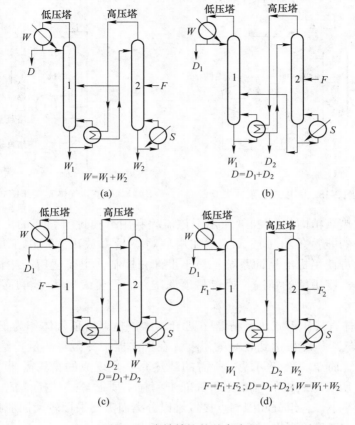

图 2-11　多效精馏的基本流程

（a）并流型（低沸成分<高沸成分）；（b）并流型（低沸成分>高沸成分）；
（c）逆流型（低沸成分>高沸成分）；（d）平流型（低沸成分>高沸成分）

加压升温，作为高温塔釜的热源。热泵精馏的效果一般由性能系数来衡量，它表示消耗单位机械能可回收的热量。

根据热泵所消耗外界能量不同，热泵精馏的应用形式分类如图 2-12 所示。

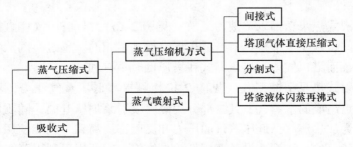

图 2-12　热泵精馏的应用形式分类

图 2-13~图 2-18 为各种方式的热泵精馏具体流程图。

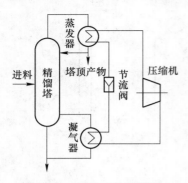

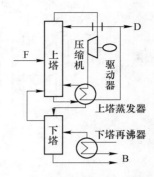

图 2-13　间接式热泵精馏　　　　　　图 2-14　塔顶气体直接压缩式热泵精馏

间接式热泵精馏如图 2-13 所示。该流程利用单独封闭循环的工质（冷剂）工作，塔顶的能量传给工质，工质在塔底将能量释放出来，用于加热塔底物料。该形式可使用标准精馏系统，易于设计和控制，主要适用于精馏介质具有腐蚀性、对温度敏感的情况，或者是顶部压力低需要大型蒸气再压缩设备的精馏塔。

塔顶气体直接压缩式热泵精馏（见图 2-14）是以塔顶气体作为工质的热泵，利用塔顶蒸气经压缩机达到较高的温度，在再沸器中冷凝将热量传给塔底物料。这种形式系统简单、稳定可靠、所需的载热介质是现成的，只需要 1 个换热器（再沸器），所以压缩机的压缩比通常低于单独工质循环式的压缩比，适用于塔顶与塔底温差小、各组分间因沸点接近难以分离而需要采用较大回流比、消耗大量加热蒸气或塔顶冷凝物需低温冷却的精馏系统。

分割式热泵精馏流程分为上、下两塔（见图 2-15），上塔类似于直接式热泵精馏，只不过多了 1 个进料口；下塔则类似于常规精馏的提馏段即蒸出塔，进料来自上塔的釜液，蒸气则进入上塔塔底。其特点是通过控制分割点浓度来调节上塔温差从而选择合适的压缩机。该形式适用于分离低组分区相对挥发度大、而高组分区相对挥发度很小（或有可能存在恒沸点）的物系，如乙醇水溶液、异丙醇水溶液等。

闪蒸再沸式热泵精馏以釜液为工质（见图 2-16），与塔顶气体直接压缩式相似，它也比间接式少 1 个换热器，适用场合也基本相同。不过，闪蒸再沸式在塔压高时有利，而塔顶气体直接压缩式在塔压低时更有利。

蒸气喷射式热泵精馏型式（见图 2-17）可提高低压蒸气压力，塔顶蒸气是含少量低沸点组成的水蒸气，其一部分用蒸气喷射泵加压升温，随驱动蒸气一起进入塔底作为加热蒸气，低压蒸气的压力和温度都提高到工艺能使用的指标，从而达到节能的目的。该型式设备费用低、易维修，主要用于利用蒸气的企业。

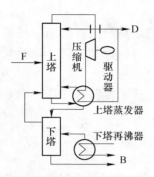

图 2-15 分割式热泵精馏

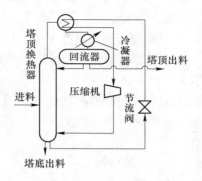

图 2-16 闪蒸再沸式热泵精馏

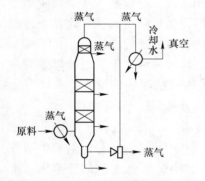

图 2-17 蒸气喷射式热泵精馏

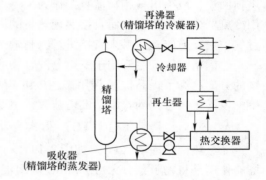

图 2-18 吸收式热泵精馏

吸收式热泵（见图 2-18）由吸收器、再生器冷却器和再沸器等设备组成，常用溴化锂水溶液或氯化钙水溶液为工质。由再生器送来的浓溴化锂溶液在吸收器中遇到从再沸器送来的蒸气，发生了强烈的吸收作用，不但升温而且放出热量，该热量可用于精馏塔蒸发器。该型式可以利用温度不高的热源作为动力，较适用于有废热或可通过煤、气、油及其他燃料获得低成本热能的场合。

热泵精馏在下述场合应用，有望取得良好效果。

（1）塔顶和塔底温差较小，因为压缩机的功耗主要取决于温差，温差越大，压缩机的功耗越大。据报道，只要塔顶和塔底温差小于 $36℃$，就可以获得较好的经济效果。

（2）沸点相近组分的分离，按常规方法，精馏塔需要较多的塔板及较大的回流比，才能得到合格的产品。而且加热用的蒸气或冷却用的循环水都比较多。若采用热泵技术，一般可取得较明显的经济效益。

（3）工厂蒸气供应不足或价格偏高，有必要减少蒸气用量或取消再沸器时。

（4）冷却水不足或者冷却水温偏高、价格偏贵，需要采用制冷技术或其他方法解决冷却问题时。

（5）一般蒸馏塔塔顶温度在38～138℃，如果用热泵流程对缩短投资回收期有利就可以采用，但是如果有较便宜的低压蒸气和冷却介质来源，用热泵流程就不一定有利。

（6）蒸馏塔底再沸器温度在300℃以上，采用热泵流程往往是不合适的。以上只是对一般情况而言，对于某个具体工艺过程，还要进行全面的经济技术评定之后才能确定。

2.5.3.3　热耦精馏

在单塔中，塔内两相流动要靠冷凝器提供液相回流和再沸器提供气相回流来实现。但在设计多个塔时，如果从某个塔内引出一股液相物流直接作为另一塔的塔顶回流，或引出气相物流直接作为另一塔的气相回流，则在某些塔中可避免使用冷凝器或再沸器，从而直接实现热量的耦合。所谓的热耦精馏就是这样一种通过气、液互逆流动接触来直接进行物料输送和能量传递的流程结构。

热耦精馏流程主要用于三组分混合物的分离，同时也可用于三组分以上混合物的分离。为了提高能量利用率，Petlyuk提出了热耦精馏塔的概念，在此概念下，发展了一系列的热耦精馏塔流程，主要分为以下几类。

A　完全热耦精馏塔（FC）及其热力学等价塔

完全热耦精馏塔（FC）如图2-19（a）所示。它由主塔和预分塔组成，预分塔的作用是将物料预分为AB和BC两组混合物，其中轻组分A从塔顶蒸出，重组分C全从塔釜分出，物料进入主塔后，进一步分离，塔顶得到产物A，塔底得到产物C，在塔中部B组分液相浓度达到最大，此处采出中间产物。对热耦精馏塔完全不存在组分再混合的问题。并且在预分塔塔顶和塔底B的组成完全与主塔这两股物料进料板上的组成相匹配。在热力学上与完全热耦精馏塔相同的还有分隔壁精馏塔（DWC），如图2-19（b）所示。分隔壁精馏塔在精馏塔中部设一垂直壁，将精馏塔分成上段、下段、由隔板分开的精馏进料段及中间采出段四部分，这一结构可认为是FC的主塔和预分塔置于同一塔内。

完全热耦精馏塔流程虽然比传统的二塔流程减少1个再沸器、1个冷凝器，但由于预分塔与主塔间的4股气液相流量难以控制，在工业上几乎没有使用价值，但与其热力学上完全相同的分隔壁精馏塔，它的工业前景却被看好。由于用分隔壁精馏分离三组分混合物时，得到纯的产物与传统的二塔常规流程相比只需要1个精馏塔、1个再沸器、1个冷凝器。不论是设备投资，还是能耗都能节省至少30%，且可通过加入液体分配器来控制分隔壁两边的液体流量，通过分隔壁两边的填料高度或分隔壁的形状来控制气体流量。在当今技术条件下，这些控制手段都已成熟，故分隔壁精馏塔已开始工业应用。

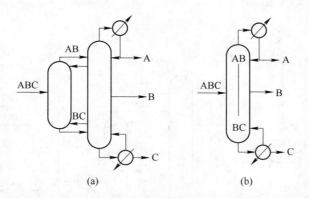

图 2-19 完全热耦精馏塔及其热力学等价塔和分隔壁精馏塔

（a）完全热耦精馏塔（FC）及其热力学等价塔；（b）分隔壁精馏塔（DWC）

B 侧线蒸馏流程（SR）及其热力学等价塔

侧线蒸馏流程（SR）是不完全热耦精馏流程，如图 2-20（a）和（b）所示。在侧线蒸馏塔流程中，可减少一个再沸器，且关联两塔的气液相流量相对较易控制，由 SR 流程可得到具有工业应用价值的 DWC 塔，如图 2-20（c）所示。此时，分隔壁从塔顶延伸到塔的下部，将塔分为三部分，塔顶两侧分别有冷凝器。在分隔壁两侧的气相流量可分别控制。液体流量仍通过液体分配器来控制。

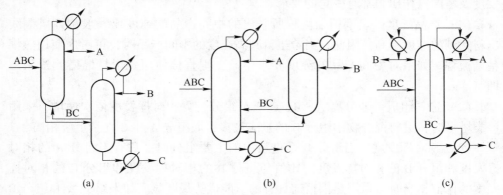

图 2-20 侧线蒸馏流程和分隔壁精馏塔

（a），（b）侧线蒸馏流程（SR）；（c）分隔壁精馏塔（DWC）

C 侧线提馏流程（SS）及其热力学等价塔

侧线提馏流程（SS）如图 2-21（a）和（b）所示，在 SS 流程中可减少一个冷凝器，且气液相流量较易控制，同样，由 SS 可得到相应的 DWC 塔，如图 2-21（c）所示。此时，分隔壁从塔底向上延伸至塔的上部，将塔分为三部分，塔顶有一共用冷凝器，塔釜两侧分别有再沸器，能提供达到分离要求所需的上升蒸气，液体流量仍需液体分配器来控制。

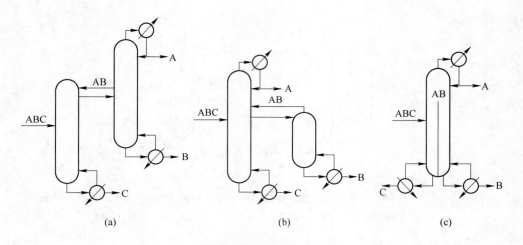

图 2-21   侧线提馏流程和分隔壁精馏塔
（a），（b）侧线提馏流程（SS）；（c）分隔壁精馏塔（DWC）

热耦精馏流程尚未在工业生产中获得广泛应用，这是由于主、副塔之间气液分配难以在操作中保持设计值；分离难度越大，其对气液分配偏离的灵敏度越高，操作难度难以稳定。热耦精馏流程对所分离物系的纯度、进料组成、相对挥发度及塔的操作压力都有一定的要求。

（1）产品纯度。热耦精馏流程所采出的中间产品的纯度比一般精馏塔侧线出料达到的纯度更高，因此，当希望得到高纯度的中间产品时，可考虑使用热耦精馏流程。如果对中间产品的纯度要求不高，则直接使用一般精馏塔侧线采出即可。

（2）进料组成。若分离 A、B、C 三个组分，且相对挥发度依次递增，采用该类塔形时，进料混合物中组分 B 的量应最多，而组分 A 和 C 在量上应相当。

（3）相对挥发度。当组分 B 是进料中的主要组分时，只有当组分 A 的相对挥发度和组分 B 的相对挥发度的比值与组分 B 的相对挥发度和组分 C 的相对挥发度的比值相当时，采用热耦精馏具有的节能优势最明显。如果组分 A 和组分 B（与组分 B 和组分 C 相比）非常容易分离时，从节能角度来看，就不如使用常规的两塔流程了。

（4）塔的操作压力。整个分离过程的压力不能改变。当需要改变压力时，则只能使用常规的双塔流程。

2.5.4   其他化工单元过程与设备的节能

2.5.4.1   新型反应器

化学反应器是指为实现特定工艺性能所设计或选定的，并能将各种不同性能的设备有机结合而成的整体系统。化学反应器是整个化工产品生产过程的核心，反应过程一般都伴随着流体流动、传热或传质等过程，同时也存在过程阻力。如何改进反应装置、减少阻力、降低能耗及有效地将能量加以综合利用，是提高经济效益的重要课题。

在新型反应器设计中应注意以下问题。

（1）传热温差的优化。反应的不可逆性导致的㶲损是一小部分，大部分㶲损是在反应器中由于不可逆传热引起的。以氨合成塔为例，应进行反应器传热温差、传热面积和催化剂装填面积（投资）、净氨值（转化率）的三者优化设计。

（2）传热方式的优化。由于直接传热速率高，所需空间小，但传热温差及㶲损大，而间接传热㶲损较小。如邻二甲苯制苯酐的生产，从列管式固定床反应器中取热，产生的 10MPa 高压蒸气用于发电，实现了装置用电自给，并可外输蒸气。

（3）减少反应器中压降。反应床压降的降低是减少压缩功耗的有力手段。

（4）能量自给平衡的化学反应器。反应离不开加热和冷却，放热系统和加热系统的结合是化工节能的有效途径。目前已有能量自给平衡的反应器用于顺丁橡胶生产，聚合放出的热量用于精制工序，可减少能耗 80%。

2.5.4.2 化学反应催化剂

催化剂是化学工艺中的关键物质，不但能加快反应速度，还可以缓和反应条件，使反应在较低的温度和压力下进行，使许多重要的化学反应和化工产品得以实现工业化生产。如甲醇合成由高压法（30MPa，350℃）转向 ICI 和 Lurgi 中低压法，其能耗大幅度降低。

催化剂不会改变反应热，故采用催化剂后，反应热值变化不大，基本不降低可回收利用的反应热量。而且常因反应温度降低，可以采用较低品位的热能预热反应物，更利于回收较低品位的反应热量。因此，从热量综合利用的角度来看，催化剂也确能起到节能降耗的作用。

利用和提高催化剂的选择性，可抑制副反应的发生，能够使原料尽可能多地转化为希望获得的产品，降低了原料的单耗，提高了原料的利用率，节约了原料和开发生产原料的能耗。此外，优良的选择性可以减少反应产物的后处理工序，使设备投资和生产费用降低，同样能减少目的产物的分离和原料回收利用的能耗。例如，Lummus 公司用新催化剂使乙苯脱氢制苯乙烯转化率达 70%，苯乙烯选择性达 95%，能耗降低 64%。由于转化率的提高，使再循环能耗大幅下降。另外，由于"三废"减少，使处理"三废"所需的能量也减少。故催化剂的选择性有利于降低单位质量产品的平均能耗与生产成本。

2.5.4.3 反应精馏

反应精馏是一种将反应过程和精馏过程结合在一起且在同一个设备（蒸馏

塔）内进行的耦合过程。它可以替代某些传统工艺过程，如醚化、加氢、芳烃烷基化、酯化等反应，在工业上得到了一定的重视。依据反应体系及采用催化剂的不同，反应精馏可分为均相反应精馏（包括催化和非催化反应精馏工艺）和非均相催化反应精馏（即通常所称的催化蒸馏）。目前，反应精馏已在多种产品的生产上得到了应用，但由于应用条件的限制及工艺本身的复杂性，大多停留在研究阶段，仅有少数研究成果得到了工业化应用。

反应精馏技术有下述特点。

（1）反应和精馏在同一设备中进行，简化了流程，使设备费和操作费同时下降。

（2）对于放热反应过程，反应热全部或部分提供精馏过程所需热量，降低了能耗。

（3）对于可逆反应，由于产物的不断分离，可使系统远离平衡状态，增大过程的转化率。可使最终转化率大大超过平衡转化率，减轻后续分离工序的负荷。

（4）对于目的产物具有二次副反应的情形，通过某一反应物的不断分离，从而抑制了副反应，提高了选择性。

（5）在反应精馏塔内，各反应物的浓度不同于进料浓度。因此，进料可按反应配比要求，而塔板上造成某种反应物的过量，可使反应后期的反应速度大大提高，同时又达到完全反应；或造成主副反应速率的差异，达到较高的选择性。这样，对于传统工艺中某些反应物过量从而需要分离回收的情况，能使原料消耗和能量消耗得到较大节省。

（6）在反应精馏塔内，各组分的浓度分布主要由相对挥发度决定，与进料组成关系不大，因而反应精馏塔可采用低纯度的原料作为进料。这一特点可使某些系统内循环物流不经分离提纯直接加以利用。

（7）有时反应物的存在能改变系统各组分的相对挥发度，或避开其共沸组成，实现沸点相近或具有恒沸组成的混合物之间的完全分离。

2.5.4.4　膜反应器

膜反应器将反应与膜分离两个单独的过程相耦合，在实现高效反应的同时，实现物质的原位分离，使反应分离一体化，简化工艺流程，提高生产效率，是化工、石油化工等领域重要的发展方向。有机膜材料在化工与石油化工苛刻的环境下难以长期使用，主要用于生物膜反应器和酶膜反应器中等条件温和的生物反应过程中。具有优异的热、化学和结构稳定性的无机膜，特别是陶瓷膜的出现，使膜反应器在化工与石油化工主流程中的规模化应用成为可能。膜反应器可相应地分为大孔膜反应器、微孔膜反应器和致密膜反应器三类。

与通常的反应器相比，膜反应过程具有以下优点。

（1）反应转化率高。可逆反应的转化率受到反应平衡的限制，而膜反应过程中，由于反应产物不断被分离除去，使反应平衡右移，并趋向完全。反应转化率几乎可不受平衡反应的控制，从而得到最大限度的提高。

（2）选择性好。在连串反应中，当中间反应产物为目的产品时，由于反应中生成的中间产物通过膜被连续分离除去，避免进一步发生连串反应，从而使选择性和反应收率得到提高。

（3）反应过程中，妨碍反应的有害物质被连续分离除去，从而使反应速度得到提高。

（4）两种反应物可在膜的两侧流动，并通过膜进行反应。

由于上述特点，在实际的反应操作中，可望取得以下效果：

（1）反应可在低压下进行，且可在低的反应温度条件下得到高的反应转化率；

（2）可以全部或部分省除对反应生成物的分离和未反应物料的循环；

（3）因能在低温、低压条件下进行操作，可以取得显著的节能效果。

2.6　工艺物料流程图和带控制点工艺流程图

工艺流程设计各个阶段的设计成果都是用各种工艺流程图和表格表达出来的。按照设计阶段的不同，先后有方框流程图、工艺流程草图、工艺物料流程图（PFD）、管道及仪表流程图（P&ID），也有用带控制点的工艺流程图（PCD，Process and Control Diagram）代替 P&ID。

由于各种工艺流程图要求的深度不一样，流程图上的表示方式也略有不同，方框流程图、流程草图是工艺流程设计中间阶段产物，只作为后续设计的参考，本身并不作为正式设计文件收集到初步设计或施工图设计说明书中，因此其流程草图的制作没有统一规定，可根据工艺流程图的一般规定，简化绘制，同一设计组的人员方便阅读即可。

工艺物料流程图和管道及仪表流程图按 1.3.4 节设计图纸要求绘制，并参照《化工工艺设计施工图内容和深度统一规定》（HG/T 20519—2009）执行。

随着计算机技术应用的发展，化工设计中各种图纸的绘制基本是在计算机上进行，而不是用原先的绘图板、铅笔和丁字尺。熟练掌握工程制图软件并进一步开发使用其各种二次开发功能，已经成为化工专业设计人员业务能力的重要评价指标。

化工设计中的绘图软件可以绘制包括化工工艺流程图、设备图、管道图、3D 实体模型化工厂布置图等各种图纸。化工 CAD 软件种类众多，如 Autodesk 公司开发 AutoCAD 软件、CAD-Centre 公司开发的 PDMS 软件、Intergraph 公司开发的 PDS 软件等。CAD 绘图能有效提高化学工程设计图纸的绘制速度和质量。

目前最常用的化工制图软件是 AutoCAD，它在绘图质量、效率、图样管理等方面，具有独到的优势，为多数企业所采用。AutoCAD 软件可以运用软件中的图形编辑功能实现图形的快速绘制，相比于传统的手工绘图，大大提高了工作效率。软件具有较多的且功能齐全的软件命令群，在计算机中可以快速实现诸如复制、剪切、移动、镜像、增加、合并、删除、缩放、旋转等相应的命令，可以随时随地地对设计图纸进行快速修改，从而使得 AutoCAD 软件成为一种高效便捷的设计方法。

下面简要介绍使用 AutoCAD 计算机辅助设计软件完成工艺流程图的设计步骤。

（1）建立图层，并对图层、线型进行设置。为了使图纸清晰、有层次感，同时对以后修改、编辑、打印方便，必须建立图层，在不同的图层，完成不同的内容。

需要建立的图层有图框层、设备层、主物料层、辅助物料层、阀门层、仪表层、文字层、虚线层、中心线层等。不同的图层要设置不同的颜色。图层设置的原则是在够用的基础上越少越好。

线型设置，除虚线层、中心线层等特殊线型外一般选连续线，线宽按 HG/T 20519—2009 规定设置，主物料管道设置 0.6～0.9mm，辅助物料管道设置 0.3～0.5mm，其他设置 0.15～0.25mm，线宽也可选默认，但在打印时要进行线宽设置。线型、线宽、颜色要随图层而定。

（2）在图框层，绘制图框及标题栏，注意内框线宽为 0.6~0.9mm。

（3）在设备层，按照流程顺序从左至右用细实线按大致的位置和近似的外形比例尺寸，绘出流程中各个设备的简化图形（示意图），各简化图形之间应保留适当距离，以便绘制各种管线及标注。

（4）在主物料层，用粗实线画出主要物料的流程线，在流程线上画出流向箭头，并在流程线的起始和终了处注明来源和去向等。

（5）在辅助物料层，用稍粗于细实线的实线画出其他物料的流程线，并标注流向箭头。

（6）在阀门层，绘制阀门及管件。

（7）在文字层，于流程图的下方或上方，列出各设备的位号及名称，注意要排列整齐；在设备附近或内部也要注明设备位号。

（8）在仪表层，标注仪表控制点的图形和符号。

（9）在文字层，每条管道上完成管道标注。

（10）在文字层，完成附加说明的绘制。

绘制完成的图样示例请扫二维码查看。

绘制完成的图样示例

3 设备选型及典型设备设计

在化工设计课程设计中，化工设备的选型与设计是在化工流程物料衡算和能量衡算的基础上进行的，其目的是确定工艺设备的类型、规格、主要尺寸和台数，为车间设备布置设计和非工艺专业的设计提供设计依据。

3.1 化工设备选型与设计的内容

化工设备的工艺选型与设计是化工设计中一项责任重大、技术要求较高的设计工作，设计人员需要扎实的理论知识和丰富的生产经验，其主要设计工作内容如下。

（1）确定设备类型。结合工艺流程确定化工单元操作所需设备的类型。例如，工艺流程中的液体混合物的各组分分离是用萃取方法还是选用蒸馏方法；实现气固相催化反应，是选择固定床反应器还是流化床反应器等。

（2）确定设备材质。根据工艺操作条件（温度、压力、介质的性质等）和对设备的工艺要求确定设备的材质。这项工作有时需要与设备专业的设计人员共同完成。

（3）确定工艺设计参数。通过工艺流程设计、物料衡算、能量衡算、设备的工艺计算确定设备工艺设计参数。不同类型设备需要确定的主要参数不同，表 3-1 给出了各类设备的主要工艺设计参数。

表 3-1　不同类型设备需要确定的主要工艺设计参数

设备类型		主要工艺设计参数
泵		流量、扬程、轴功率、安装高度
风机		风量、风压
换热器		热负荷、换热面积、冷流体和热流体的种类、冷流体和热流体的流量、温度和压力
吸收塔		进出塔气体的流量、组成、压力和温度；吸收剂种类、流量、温度和压力；塔径、塔高、塔体的材质
	板式塔	塔板的类型、板数、塔板材质
	填料塔	填料种类、规格、填料总高度或每段填料的高度和段数

设备类型	主要工艺设计参数		
蒸馏塔	进料物料；塔顶和塔釜产品的流量、组成和温度；塔的操作压力、塔径、塔体材质；加料口位置、塔顶冷凝器的冷负荷及冷却介质的种类；流量、温度和压力；再沸器的热负荷；加热介质的种类、流量、温度和压力、灵敏板位置		
	板式塔	塔板的类型、板数、塔板材质	
	填料塔	填料种类、规格、填料总高度或每段填料的高度和段数	
反应器	反应器的类型；进出口物料的流量组成、温度和压力；催化剂的种类、规格、数量和性能参数；反应器内换热装置的形式、热负荷及热载体的种类、数量、压力和温度；反应器的主要尺寸		

（4）定型设备。确定定型设备的型号、规格和台数，定型设备中的泵、风机、制冷机、压缩机、离心机、过滤器等是众多行业广泛采用的设备，这类设备有众多的生产厂家，型号也很多，可选择的范围很大。对已有标准图纸的设备，需确定标准图的图号和型号。

（5）非标设备。对非标设备来说，根据工艺设计条件绘制设备装配图（图中应注明对设备的所有要求）。

（6）编制工艺设备一览表。在初步设计阶段，根据设备工艺设计和选型的结果编制工艺设备一览表，可按非定型设备和定型工艺设备两类编制。

3.2　泵　的　选　型

3.2.1　泵的类型和技术指标

泵的类型很多，分类也不统一。按泵作用于液体的原理，可将泵分为叶片式和容积式两大类。叶片式泵是由泵内的叶片在旋转时产生的离心力作用将液体吸入和压出。容积式泵是由泵的活塞或转子在往复或旋转运动中产生挤压作用将液体吸入和压出。叶片式泵又因泵内叶片结构形式不同分为离心泵（屏蔽泵、管道泵、自吸泵、无堵塞泵）、轴流泵和旋涡泵。容积式泵分为往复泵（活塞泵、柱塞泵、隔膜泵、计量泵）和转子泵（齿轮泵、螺杆泵、滑片泵、罗茨泵、蠕动泵、液环泵）。

泵也常按其使用的用途来分类，如水泵、油泵、泥浆泵、砂泵、耐腐蚀泵、冷凝液泵等。化工生产常用泵有清水泵、油泵、耐腐蚀泵、液下泵、屏蔽泵、隔膜泵、计量泵、齿轮泵、螺杆泵、旋涡泵、轴流泵等。

泵的技术指标包括流量、扬程、必需汽蚀余量、功率和效率等。

（1）流量。工艺装置生产中，要求泵输送的介质量。

（2）扬程。它是单位质量的液体通过泵获得的有效能量，单位为 m。由于泵可以输送多种液体，各种液体的密度和黏度不同，为了使扬程有一个统一的衡量标准，泵的生产厂家在泵的技术指标中所指明的一般都是清水扬程，即介质为清水，密度为 $1000kg/m^3$，黏度为 $1mPa \cdot s$，无固体杂质时的值。此外，少数专用泵如硫酸泵、熔盐泵等，扬程单位注明为 m 酸柱或 m 熔盐柱。

（3）必需汽蚀余量。为使泵在工作时不产生汽蚀现象，泵进口处必须具有超过输送温度下液体的汽化压力的能量，使泵在工作时不产生汽蚀现象所必需的富余能量称为必需汽蚀余量或简称汽蚀余量，单位为 m。

（4）功率与效率。有效功率指单位时间内泵对液体所做的功；轴功率指原动机传给泵的功率；效率指泵的有效功率与轴功率之比。泵样本中所给出的功率与效率都为清水试验所得。

离心泵适用于流量大、扬程低的液体输送，液体的运动黏度小于 $650mm^2/s$，液体中气体体积分数低于 5%，固体颗粒质量分数在 3%以下。

3.2.2 选泵的原则

3.2.2.1 泵的类型

一般选择化工泵，都是先决定型式再确定尺寸。确定和选择使用的泵的基本型式，要从被输送物料的基本性质出发，如物料的温度、黏度、挥发性、毒性、化学腐蚀性、溶解性和物料是否均一等。此外，还应考虑到生产的工艺过程和动力、环境等条件，如是否长期连续运转、扬程和流量的波动和基本范围、动力来源、厂房层次高低等因素。

均一的液体几乎可选用任何泵型；悬浮液则宜选用泥浆泵、隔膜泵；夹带或溶解气体时应选用容积式泵；黏度大的液体、胶体或膏糊料可用往复泵，最好选用齿轮泵、螺杆泵；输送易燃易爆液体可用蒸气往复泵；被输送液体与工作液体（如水）互溶而生产工艺又不允许其混合时，则不能选用喷射泵；流量大而扬程高时，宜选往复泵；流量大而扬程不高时，应选用离心泵；输送具有腐蚀性的介质，选用耐腐蚀的泵体材料或衬里的耐腐蚀泵；输送昂贵液体、剧毒或具有放射性的液体，选用完全不泄漏、无轴封的屏蔽泵。此外，有些情况必须使用液下泵，有些场合要用计量泵等。

3.2.2.2 扬程和流量

工艺设计给出泵的流量一般包括正常、最小、最大三种流量，最大流量已考虑了上述多种因素，因此选泵时通常可直接采用最大流量。

泵的扬程还应考虑到工艺设备和管道的复杂性，压力降的计算可靠程度与实际工作中的差距，需要留有余地，所以常常选用计算数据的 1.05~1.10 倍。在工艺操作中，有时会有一些特殊情况，如结垢、积炭，造成系统中压力降波动较大。在设计计算时，不仅要使选定的扬程满足过程在正常条件下的需要，还要顾及可能出现的特殊情况，使泵在某些特殊情况下也能运转。

3.2.2.3　有效汽蚀余量和安装高度

为避免汽蚀现象，就必须使泵的入口端的压头高于物料输送状态下的饱和蒸气压，高出的值称为需要汽蚀余量或净正吸入压头（NPSH）。NPSH 一般又分为泵必需的 NPSH（有时写成 NPSHR）和正常操作时装置和设备（系统）的有效 NPSH。有效汽蚀余量（有效 NPSH，有时写成 NPSHA）通常最大可选用泵的需要汽蚀余量的 1.3~1.4 倍系数，称为安全系数。

3.2.2.4　泵的台数和备用率

一般情况下只设一台泵，在特殊情况下也可采用两台泵同时操作，但不论如何安排，输送物料的本单元中，不宜多于三台泵（至多两台操作，一台备用）。

泵的备用情况，往往根据工艺要求、是否长期运转、泵在运转中的可靠性、备用泵的价格、工艺物料的特性、泵的维修难易程度和一般维修周期、操作岗位等诸多因素综合考虑。一般来说，输送泥浆或含有固体颗粒及其他杂质的泵、一些关键工序上的小型泵，应有备用泵。对于一些重要工序，如炉前进料、计量、塔的输料泵、塔的回流泵、高温操作条件及其他苛刻条件下使用的泵、某些要求较高的产品出料泵，应设有备用泵。备用率一般取 100%，而其他连续操作的泵，可考虑备用率 50% 左右，对于大型的连续化流程，可适当提高泵的备用率。而对于间歇操作、泵的维修简易、操作很成熟及特别昂贵而操作有经验的情况下，常常不考虑备用泵。

3.2.3　选泵的一般程序和方法

3.2.3.1　确定泵的流量和扬程

A　确定流量

工艺条件中如已有系统可能出现的最大流量，选泵时以最大流量为基础，如果数据是正常流量，则应根据工艺情况可能出现的波动、开车和停车的需要等，在正常流量的基础上乘以一个安全系数，一般这个系数可取 1.1~1.2，特殊情况下，还可以再加大。流量通常都换算成体积流量。

B　确定扬程

计算出所需要的扬程，即用来克服两端容器的位能差，两端容器上静压力差，两端全系统的管道、管件和装置的阻力损失以及两端（进口和出口）的速度差引起的动能差别。

泵的扬程用伯努利方程计算，将泵和进出口设备做一个系统研究，以物料进口和出口容器的液面为基准，根据式（3-1）即可算出泵的扬程。

$$H = (Z_2 - Z_1) + \frac{p_2 - p_1}{\gamma} + (\sum h_2 + \sum h_1) + \frac{c_2^2}{2g} \qquad (3\text{-}1)$$

式中　Z_1——吸入侧最低液面至泵轴线垂直高度，如果泵安装在吸入液面的下方（称为灌注），则 Z_1 为负值；

　　　Z_2——排出侧最高液面至泵轴线垂直高度；

p_2，p_1——排出侧和吸入侧容器内液面压力；

　　　γ——液体重力密度；

$\sum h_1$，$\sum h_2$——排出侧和吸入侧系统阻力损失；

　　　c_2——排出口液面液体流速。

对于一般输送液体，$\dfrac{c_2^2}{2g}$ 值很小，常忽略或纳入 $\sum h$ 损失中计算。

计算出的 H 不能作为选泵的依据，一般要放大 5%~10%，即：

$$H_{选用} = (1.05 \sim 1.10)H \qquad (3\text{-}2)$$

3.2.3.2　确定具体型号

泵的选型可以依据选泵数据和工作条件、工艺特点，依照选泵的原则，利用选泵软件，选择泵的类型、材质和具体型号。

3.3　风机的选型

3.3.1　气体输送及压缩设备分类

气体输送、压缩设备按出口压力和用途可分为以下五类。

（1）通风机。简称为风机，压力在 0.115MPa 以下，压缩比为 1.00~1.15。通风机又可分为轴流风机和离心风机。通风机使用较普遍，主要用于通风产品干燥等过程。

（2）鼓风机。压力为 0.115~0.400MPa，压缩比小于 4。鼓风机又可分为罗茨（旋转）鼓风机和离心鼓风机。一般用于生产中要求相当压力的原料气的压缩、液体物料的压送、固体物料的气流输送等。

（3）压缩机。压力在 0.4MPa 以上，压缩比大于 4。压缩机又可分为离心式、螺杆式和往复式压缩机，主要用于工艺气体、气动仪表用气、压料过滤及吹扫管道等方面。

（4）制冷机。压力及压缩比与压缩机相同，可分为活塞式、离心式、螺杆式、溴化锂吸收式及氨吸收式等，主要用于为低温生产系统提供冷量。

（5）真空泵。用于减压，出口极限压力接近 0MPa，其压缩比由真空度决定。

3.3.2 通风机的选型

工业上常用的通风机有轴流式和离心式两类。

轴流式通风机排送量大，但所产生的风压甚小，一般只用来通风换气，而不用来输送气体。化工生产中，轴流式通风机在空冷器和冷却水塔的通风方面的应用很广泛。

离心式通风机的结构与离心泵相似，包括蜗壳叶轮、电机和底座三部分。离心式通风机根据所产生的压头大小可分为：

（1）低压离心通风机，其风压小于或等于 1kPa；

（2）中压离心通风机，其风压为 1~3kPa；

（3）高压离心通风机，其风压为 3~15kPa。

离心式通风机的主要参数和离心泵差不多，主要包括风量、风压、功率和效率。通风机在出厂前，必须通过试验测定其特性曲线，试验介质为 101.3kPa、20℃的空气（密度 $\rho = 1.2 \mathrm{kg/m^3}$）。因此，选用通风机时，如所输送的气体密度与试验介质相差较大时，应将实际所需风压换算成试验状况下的风压。

离心通风机的选择步骤如下。

（1）了解整个工程工况装置的用途、管道布置装机位置、被输送气体性质（如清洁空气、烟气、含尘空气或易燃易爆气体）等。

（2）根据伯努利方程，计算输送系统所需的实际风压，考虑计算中的误差及漏风等未见因素而加上一个附加值，并换算成试验条件下的风压 Δp_0。

（3）根据所输送气体的性质与风压范围，确定风机类型。若输送的是清洁空气，或与空气性质相近的气体，可选用一般类型的离心通风机，常用的有 4-72 型、8-18 型和 9-27 型。

（4）把实际风量 Q（以风机进口状态计）乘以安全因数，即加上一个附加值，并换算成试验条件下的风量 Q_0，若实际风量 Q 大于试验条件下的风量 Q_0，常以 Q 代替 Q_0，把大于值作为富余量。

（5）按试验条件下的风量 Q_0 和风压 Δp_0，从风机的产品样本或产品目录中的特性曲线或性能表中选择合适的机号。

（6）根据风机安装位置，确定风机旋转方向和出风口的角度。

（7）若所输送气体的密度大于 $1.2 \mathrm{kg/m^3}$ 时，则需核算轴功率。

3.3.3　鼓风机的选型

化工厂中常用的鼓风机有旋转式和离心式两种，罗茨鼓风机是旋转式鼓风机中应用最广的一种。罗茨鼓风机的风量与风机转速成正比，而与出口压强无关。罗茨鼓风机的风量为 $2 \sim 500 \mathrm{m}^3/\mathrm{min}$，出口压强不超过 $81 \mathrm{kPa}$（表压），出口压强太高，则泄漏量增加，效率降低。罗茨鼓风机工作时，温度不能超过 $85 \mathrm{℃}$，否则易因转子受热膨胀而发生卡住现象。罗茨鼓风机的出口应安装稳压气柜与安全阀，流量用旁路调节，出口阀不可完全关闭。

离心鼓风机与离心通风机的工作原理相同，由于单级通风机不可能产生很高的风压（一般不超过 $50 \mathrm{kPa}$ 表压），故压头较高的离心鼓风机都是多级的，与多级离心泵类似。多级离心鼓风机的出口压强一般不超过 $0.3 \mathrm{MPa}$（表压），因压缩比不大，不需要冷却装置，各级叶轮尺寸基本相等。离心鼓风机的选用方法与离心通风机相同。

3.3.4　压缩机的选型

按工作原理，压缩机可分为两类：一类是容积式压缩机；另一类是速度式压缩机。按结构型式还可将压缩机分为活塞式压缩机和离心式压缩机。一般来说，压缩机是装置中功率较大、电耗较高、投资较多的设备，主要根据操作工况所需的压力、流量和运转状态（间歇或连续）选择所需的压缩机类型。

3.3.4.1　压缩机的选用原则

选择压缩机时，通常根据要求的排气量、进排气温度、压力及流体的性质等重要参数来决定。

各种压缩机常用气量、压力范围见表3-2。

表 3-2　常用压缩机的单机容量

压缩机类型	单机容量
活塞式空气压缩机	通常小于或等于 $100 \mathrm{m}^3/\mathrm{min}$，排压为 $0.1 \sim 32.0 \mathrm{MPa}$
螺杆式空气压缩机	通常为 $50 \sim 250 \mathrm{m}^3/\mathrm{min}$，排压为 $0.1 \sim 2.0 \mathrm{MPa}$
离心式空气压缩机	通常大于 $100 \mathrm{m}^3/\mathrm{min}$，排压为 $0.1 \sim 0.6 \mathrm{MPa}$

确定空压机时，重要因素之一是考虑空气的含湿量。确定空压机的吸气温度时，应考虑四季中最高、最低和正常温度条件，以便计算标准状态下的干空气量。

　　选用离心式压缩机时，需考虑如下因素（其他类型压缩机也可参考）：吸气量（或排气量）和吸气状态，这取决于用户要求及现场的气象条件；排气状态、压力、温度，由用户要求决定；冷却水水温、水压、水质的要求；压缩机的详细结构、轴封及填料，由制造厂提供详细资料；驱动机，由制造厂提供规格明细表；控制系统，制造厂提供超压、超速、压力过低、轴承温度过高和润滑系统等停车和报警系统图；压缩机和驱动机轴承的压力润滑系统，包括油泵、油槽油冷却器等规格；附件，主要有仪表、备用品、专用工具等。

3.3.4.2　离心式压缩机的型号选择

　　选择离心式压缩机的型号时可以利用图表选型法。国内外生产厂家为便于用户选型，把标准系列产品绘制出选型用曲线图，根据图进行型号的选择和功率计算。

　　另外一种选型法为估算法选型法。估算法应计算的数据有气体常数、绝热指数、压缩系数，进口气体的实际流量、总压缩比、压缩总温升、总能量头、级数、转速、轴功率、段数。选择离心式压缩机应以进口流量和能量头的关系为依据，以上估算的性能参数在生产厂家定型产品的范围内，即可直接订购。

3.3.4.3　活塞式压缩机的型号选择

　　压缩机的选型可分为压缩机的技术参数选择与结构参数选择，前者包括技术参数对所在化工工艺流程的适用性和技术参数本身的先进性，从而决定压缩机在流程中的适用性，后者包括压缩机的结构型式、使用性能及变工况适应性等方面的比较选择，从而将影响压缩机所在流程的经济性。因此，压缩机选择应该是适用、经济、安全可靠，利于维修。

　　选型时首先要考虑工艺方面的要求，如介质要求、有无泄漏、有无被润滑油污染、排气温度有无限制、排气量、压缩机进出口压力。

　　其次，要考虑气体物性的要求与安全性。压缩的气体是否易燃、易爆或有无腐蚀性；压缩过程如有液化，应注意凝液的分离和排除，同时在结构上要有一些修改；排气温度限制，对压缩的介质在较高的温度下会分解，此时应对排气温度加以限制；泄漏量限制，对有毒气体应限制其泄漏量。

　　选型的基本数据包括：气体性质和吸气状态，如吸气温度、吸气压力、相对湿度；生产规模或流程需要的总供气量；流程需要的排气压力；排气温度。

3.3.5　真空泵的选型

　　真空泵用来维持工艺系统要求的真空状态。真空泵的主要技术指标如下。

　　（1）真空度。一般以绝对压力 p 表示，单位为 kPa；以真空度 p_v 表示，单位为 kPa，则有：

$$p_v = 101.325 - p \qquad (3-3)$$

（2）抽气速率（S）。指在单位时间内，真空泵吸入的气体体积，即吸入压力和温度下的体积流量，单位是 m^3/h、m^3/min。真空泵的抽气速率与吸入压力有关，吸入压力越高，抽气速率越大。

（3）极限真空。指真空泵抽气时能达到的稳定最低压力值。极限真空也称最大真空度。

（4）抽气时间（t）。指以抽气速率 S 从初始压力抽到终了压力所耗费的时间，单位是 min。

化工中常用的真空泵有如下几种类型。

（1）往复式真空泵。往复式真空泵的构造和原理与往复式压缩机基本相同，但真空泵的压缩比较高，例如，95%的真空度时，压缩比约为20，所抽吸气体的压强很小，故真空泵的余隙容积必须更小，排出和吸入阀门必须更加轻巧、灵活。

往复式真空泵所排送的气体不应含有液体，如气体中含有大量蒸气，必须把可凝性气体设法除掉（一般采用冷凝）之后再进入泵内，即它属于干式真空泵。

（2）水环真空泵。水环真空泵简称水环泵，其工作时由于叶轮旋转产生的离心力的作用，将泵内水甩至壳壁形成水环，此水环具有密封作用，使叶片间的空隙形成许多大小不同的密封室，叶轮的旋转使密封室由小变大形成真空，将气体从吸入口吸入，然后密封室由大变小，气体由压出口排出。水环真空泵最高真空度可达85%。为维持泵内液封，水环泵运转时要不断地充水。

（3）液环真空泵。液环真空泵简称液环泵，又称纳氏泵，外壳呈椭圆形，其内装有叶轮，当叶轮旋转时，液体在离心力作用下被甩向四周，沿壁形成椭圆形液环。和水环泵一样，工作腔也是由一些大小不同的密封室组成的，液环泵的工作腔有两个，由泵壳的椭圆形状形成。由于叶轮的旋转运动，每个工作腔内的密封室逐渐由小变大，从吸入口吸进气体，然后由大变小，将气体强行排出。此外，输送的气体不与泵壳直接接触，所以只要叶轮采用耐腐蚀材料制造，液环泵也可用于腐蚀性气体的抽吸。

（4）旋片真空泵。旋片真空泵是旋转式真空泵，当带有两个旋片的偏心转子旋转时，旋片在弹簧及离心力的作用下，紧贴泵体内壁滑动，吸气工作室扩大，被抽气体通过吸气口进入吸气工作室，当旋片转至垂直位置时，吸气完毕，此时吸入的气体被隔离，转子继续旋转，被隔离的气体被压缩后压强升高，当压强超过排气阀的压强时，气体从泵排气口排出。因此，转子每旋转一周，有两次吸气、排气过程。

旋片泵的主要部分浸没于真空油中，为的是密封各部件的间隙，充填有害的余隙和得到润滑。旋片真空泵适用于抽除干燥或含有少量可凝性蒸气的气体，不适宜用于抽除含尘和对润滑油起化学作用的气体。

（5）喷射真空泵。喷射真空泵是利用高速流体射流时压强能向动能转换而造成真空，将气体吸入泵内，并在混合室通过碰撞、混合以提高吸入气体的机械能，气体和工作流体一并排出泵外。喷射泵的工作流体可以是水蒸气也可以是水，前者称为蒸气喷射泵，后者称为水喷射泵。

单级蒸气喷射泵仅能达到90%的真空度，为获得更高的真空度可采用多级蒸气喷射泵。喷射真空泵的优点是工作压强范围广，抽气量大，结构简单，适应性强（可抽吸含有灰尘及腐蚀性、易燃、易爆的气体等），其缺点是工作效率很低。

3.4　换热器的选型与设计

在不同温度的流体间传递热能的装置称为热交换器，简称换热器。换热器是以传递热量为主要功能的通用工艺设备，在化工、石油、制药、食品等行业中广泛使用。换热器的设计、制造和运行对生产过程起着十分重要的作用。通常在化工厂的建设中换热器投资约占工程总投资的11%，而在炼油厂中高达40%。在换热器中至少要有两种温度不同的流体：一种流体温度较高，放出热量，称为热流体；另一种流体温度较低，吸收热量，称为冷流体。在工程实践中有时也会存在两种以上流体的换热器，但它的基本原理并无本质区别。

3.4.1　换热器的分类

换热器的种类很多，根据冷、热物料接触方式可分为直接接触式、蓄热式和间壁式三类；根据使用功能可分为加热器、冷却器、再沸器、冷凝器、蒸发器、空冷器、凉水塔和废热锅炉等；根据结构型式又可分为管壳式、板壳式、板翅式、螺旋板式、夹套式、蛇管式、套管式、喷淋式等。

间壁式换热器是化工生产中应用最多的一种换热器，温度不同的两种流体隔着液体流过的器壁（管壁）传热，两种液体互不接触，这种传热办法最适合于化工生产。因此，这种类型换热器应用十分广泛，型式多样，适用于化工生产的各种条件和场合。各类间壁式换热器的分类与特性见表3-3。

随着我国工业和节能技术的飞速发展，换热器的种类也越来越多，一些新型高效换热器相继问世。不同结构型式的换热器适用场所不同，性能各异。现代社会对能源利用和低碳经济日益重视，充分认识各种结构型式换热器的特点，根据使用要求进行适当选型和设计，具有重要的现实意义。

表 3-3 间壁式换热器的分类与特性

分类	名称	特　　性	相对费用	耗用金属量/kg·m⁻²
管壳式	固定管板式	使用广泛，已系列化，壳程不易清洗，当管壳两物流温差大于60℃时应设置膨胀节，最大使用温差不应大于120℃	1.0	30
	浮头式	壳程易清洗，管壳两物料温差可大于120℃，内垫片易渗漏	1.22	46
	填料函式	优缺点同浮头式，造价高，不宜制造大直径设备	1.28	
	U形管式	制造、安装方便，造价较低，管程耐高压，但结构不紧凑，管子不易更换和不易机械清洗	1.01	
板式	板翅式	紧凑、效率高，可多股物料同时热交换，使用温度小于150℃	0.6	16
	螺旋板式	制造简单、紧凑，可用于带颗粒物料，温位利用好，不易检修		50
	伞板式	制造简单，紧凑，成本低，易清洗，使用压力小于1.18×10⁶Pa，使用温度小于150℃		16
	波纹板式	紧凑，效率高易清洗，使用温度小于150℃，使用压力小于1.47×10⁶Pa		
管式	空冷器	投资和操作费用一般较水冷低，维修容易，但受周围空气温度影响大	0.8~1.8	
	套管式	制造方便、不易堵塞，耗金属多，使用面积不宜大于20m²	0.8~1.4	150
	喷淋管式	制造方便，可用海水冷却，造价较套管式低，对周围环境有水雾腐蚀	0.8~1.1	60
	箱管式	制造简单，占地面积大，一般作为出料冷却	0.5~0.7	100
液膜式	升降膜式	接触时间短、效率高，无内压降，浓缩比不大于5		
	液膜式刮板薄膜式	接触时间短，适于高黏度、易结垢物料，浓缩比为11~20		
	离心薄膜式	受热时间短、清洗方便，效率高，浓缩比不大于15		
其他	板壳式	结构紧凑、传热好、成本低、压降小，较难制造		24
	热管	高导热性和导温性，热流密度大，制造要求高		

　　管壳式换热器（又称列管式换热器）是目前化工生产中应用最广泛的一种换热器，它设计成熟、结构简单坚固、制造加工容易、材料来源广泛、处理能力大、适用性强，尤其适合高温高压的操作环境。当然，在传热效率、设备紧凑性、单位面积的金属消耗量等方面，稍逊于板式换热器，但依然是目前化工厂中

主要的换热设备。下面以管壳式换热器为例介绍换热设备的选型和设计方法。

3.4.2　管壳式换热器的设计标准

管壳式换热器的设计、制造、检验与验收必须按照国家标准《热交换器》（GB/T 151—2014）执行。

按该标准，对换热器壳体的公称直径做如下规定：卷制、锻制圆筒，以内径作为壳体的公称直径，mm；钢管制圆筒，以外径作为壳体的公称直径，mm。卷制圆筒的公称直径以 400mm 为基数，以 100mm 为进级档，必要时也可采用 50mm 为进级档。公称直径小于或等于 400mm 的圆筒，可用管材制作。

换热器的传热面积：计算传热面积，是以换热管外径为基准，扣除伸入管板内的换热管长度后，计算所得到的管束外表面积的总和，m^2。公称传热面积：指经圆整为整数后的传热面积，m^2。

换热器的公称长度：以换热管长度作为换热器的公称长度，m。换热管为直管时，取直管长度；换热管为 U 形管时，取 U 形管的直管段长度。

国家标准《热交换器》将管壳式换热器的主要组合部件分为前端管箱、壳体和后端结构（包括管束）三部分，详细分类及代号如图 3-1 所示。

该标准将换热器分为 Ⅰ、Ⅱ 两级。Ⅰ 级换热器采用高级冷拔换热管，适用于无相变传热和易产生振动的场合。Ⅱ 级换热器采用普通冷拔换热管，适用于再沸、冷凝和无振动的一般场合。

管壳式换热器型号的表示方法如图 3-2 所示。

例如 BEM700 $-\dfrac{2.5}{1.6}-200-\dfrac{9}{25}-4$ Ⅰ 表示：可拆封头管箱，公称直径 700mm，管程设计压力 2.5MPa，壳程设计压力 1.6MPa，公称换热面积 200m^2，公称长度 9m，换热管外径 25mm，4 管程，单壳程的固定管板式换热器，碳素钢换热管符合 NB/T 47019—2021 的规定。

又如 AKT $\dfrac{600}{1200}-\dfrac{2.5}{1.0}-90-\dfrac{6}{25}-2$ Ⅱ 表示：可拆平盖管箱，管箱内径 600mm，壳程圆筒直径 1200mm，管程设计压力 2.5MPa，壳程设计压力 1.0MPa，公称换热面积 90m^2，公称长度 6m，换热管外径 25mm，2 管程，单壳程的可抽式釜式重沸器，碳素钢换热管符合 GB 9948—2013 的规定。

3.4.3　管壳式换热器的设计方法

管壳式换热器的设计原则包括满足生产工艺要求的温度指标、操作安全可靠、结构型式尽可能简单、便于制造和维修、尽可能使制造费用与操作费用最小等。为此，需考虑以下几个方面的问题。

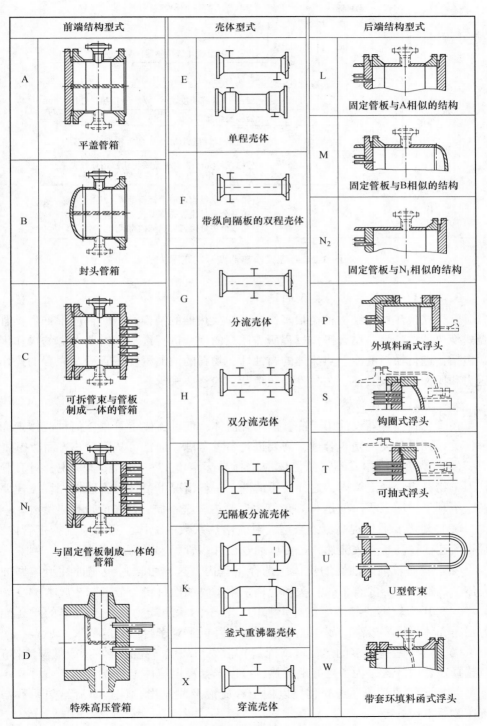

图 3-1　管壳式换热器结构型式及代号

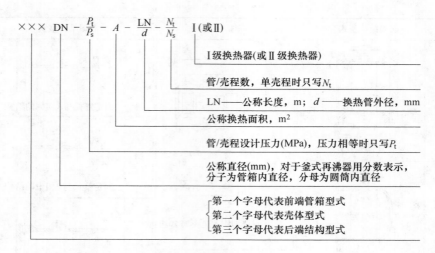

图 3-2 管壳式换热器型号的表示方法

3.4.3.1 换热器结构类型的选择

管壳式换热器的结构种类很多，在选择换热器的结构类型时，应根据各类管壳式换热器的特性，结合操作过程所需注意的因素进行选型。需要考虑的操作因素包括：进行换热的冷、热流体的腐蚀性，物料的清洁程度，管程及壳程的操作压力和操作温度及其他工艺条件，热负荷，检修要求等。

3.4.3.2 流程的选择

在管壳式换热器设计中，冷、热两种流体，何种流体走管程，何种流体走壳程，关系到设备使用是否合理，需要进行着重考虑。通常可从以下几方面考虑。

（1）易结垢流体或不清洁流体应选择易于清洗的一侧。具体来说，对直管管束，物料应选择走管内，这样便于清洗。一般情况下，管程流速较壳程流速要高，不利于污垢沉积。但是对 U 形管束，管内清洗不便，物料应选择走管外。

（2）对需要通过提高流速来增大对流给热系数的流体，通常应选择走管内，管程流速往往高于壳程流速，也可以通过设计多管程来提高流速。

（3）具有较强腐蚀性的流体应选择走管内，这样可以避免腐蚀性流体腐蚀壳体，制造时仅需要管束、封头和管板采用耐腐蚀性材料，节省制造成本。

（4）压力较高的流体应选择走管内，管子的承压能力往往比壳体的承压能力强，壳体不需要较高的耐压能力，同时也降低了对密封措施的要求。

（5）为了避免过多的热量（或冷量）散失于环境，高温流体（或低温流体）应选择走管内。若是为了更好地散热，可以选择高温流体走管外。

（6）蒸气通常选择走壳程，以便于冷凝液及时排出，且其对流给热系数与流速关系不大。

（7）黏度大的流体一般选择走壳程，因为在壳程设置有若干折流挡板，迫使流体反复绕管束流动，在较低流速下便可达到湍流状态，有利于提高壳程的对流给热系数。

（8）有毒流体应选择走管程，以减少污染环境的机会。

（9）若冷、热流体的温差较大，对流给热系数较大的流体宜走壳程，因为管壁温度接近对流给热系数较大一侧的流体温度，以减小管壁与壳壁的温差。

需要指出，以上各个方面往往不能同时满足，有时甚至会相互矛盾，此时应综合考虑具体情况，抓住主要矛盾，做出适宜的选择。

3.4.3.3 加热剂或冷却剂的选择

加热剂或冷却剂通常是由实际情况决定的，需要设计者酌情选择。在实际选择时，首先要满足工艺所要求的温度指标，其次再考虑使用安全方便、价格低廉、容易获取等因素。常用的加热剂有水蒸气、烟道气及热水等。常用的冷却剂有水、空气及其他低温介质。在实际工业生产中，往往需要进行整个系统的能量集成，充分利用余热（或余冷），使需要被加热的工艺流体与需要被冷却的工艺流体进行充分换热，以最大限度地进行能量回收。工业上常用的加热剂和冷却剂见表3-4。

表3-4 工业上常用的加热剂和冷却剂

加热剂		冷却剂	
名称	温度范围/℃	名称	温度范围/℃
氨蒸气	< −15（用于冷冻工业）	水（河水、井水、自来水）	0~80
饱和水蒸气	<180	空气	>30
烟道气	700~1000	冷冻盐水	−15~0（用于低温冷却）

3.4.3.4 流体出口温度的确定

在换热器设计中，被处理物料的进出口温度是工艺要求所规定的，加热剂或冷却剂的进口温度一般由来源而定，而出口温度应由设计者根据经济核算来确定。若加热剂或冷却剂的进出口温差选取较大，虽然可节约加热剂或冷却剂的用量，降低操作费用，但所需传热面积同时增大，设备投资增加。最理想的出口温度的选择应使设备投资和操作费用组成的总费用最小。对常用冷却剂水的出口温度的确定，通常有以下几个原则。

（1）水与被冷却流体之间应有5~35℃的温差。

（2）为节约冷却水用量，同时留有一定的操作余地，冷却水进出口温差不应低于5℃。此外，水的出口温度一般也不会超过40~50℃，高于此温度下溶于水的无机盐（主要是 $MgCO_3$、$CaCO_3$、$MgSO_4$ 和 $CaSO_4$ 等）将会析出，在壁面上形成污垢，大大增加传热阻力。

（3）对缺水地区，冷却水进出口温差可以适当加大。

3.4.3.5 流体流速的选择

提高流体流速可以增大流体对流给热系数，减少颗粒和污垢在换热管壁面沉积的可能性，降低污垢热阻，使总传热系数增加，所需传热面积减小，降低设备投资费用。但在流速增加的同时，流体流动阻力相应增大，操作费用增加。适宜的流速应通过经济核算来确定。一般尽可能使管内流体的 $Re > 1 \times 10^4$（同时也要注意其他方面的合理性），高黏度的流体常按层流设计。根据工业生产中累积的经验，常用流体的流速范围见表 3-5~表 3-7。

表 3-5 管壳式换热器内常用的流速范围

流体种类	流速范围/m·s⁻¹		流体种类	流速范围/m·s⁻¹	
	管程	壳程		管程	壳程
循环水	1.0~2.0	0.5~1.5	高黏度油	0.5~1.5	0.3~0.8
新鲜水	0.8~1.5	0.5~1.5	易结垢液体	>1	>0.5
低黏度油	0.8~1.8	0.4~1.0	气体	5~30	3~15

表 3-6 不同黏度液体在管壳式换热器中的最大流速

液体黏度/mPa·s	最大流速/m·s⁻¹	液体黏度/mPa·s	最大流速/m·s⁻¹
>1500	0.6	35~1	1.8
1000~500	0.75	<1	2.4
500~100	1.1	烃类	3.0
100~35	1.5		

表 3-7 管壳式换热器内易燃、易爆液体允许的安全流速

液体种类	最大流速/m·s⁻¹	液体种类	最大流速/m·s⁻¹
乙醚、二硫化碳、苯	<1	丙酮	<10
甲醇、乙醇、汽油	<2~3	氢气	≤8

3.4.3.6 流体流动方式的选择

冷、热流体的流向有逆流、并流、错流和折流四种类型。在流体进出口温度相同的情况下，逆流的传热平均温差最大，因此，若无其他工艺要求，一般采用逆流操作。但是，为了增大传热系数或使换热器结构合理，冷、热流体还可以做各种多管程、多壳程的复杂流动。在流量和总管数、壳体一定的情况下，管程或壳程数越多，传热系数就越大，对传热过程越有利。然而，采用多管程或多壳程必然会导致流体流动阻力增大，即输送流体的动力消耗增加。因此，在决定换热器的程数时，需要综合考虑传热和流体输送两方面的得失。当采用多管程或多壳

程时，管壳式换热器内的流动形式较为复杂，此时要根据纯逆流的对数平均温差和温差修正系数来计算实际传热推动力。

3.4.3.7 材质的选择

换热器各种零部件的材料，应根据其操作温度、操作压力和流体的腐蚀性等因素进行选取。一般为了满足设备的操作温度和操作压力，即从设备的强度或刚性的角度来考虑，是比较容易达到的。但是材料的耐腐蚀性，有时往往成为一个复杂的问题，在此方面考虑不周、选材不妥，常会造成设备的寿命较短或造价较高。

一般换热器常用的材质有碳钢和不锈钢。碳钢价格较低，强度较高，但其耐腐蚀性较差，在无腐蚀性要求的环境中应用是合理的。普通换热器常用的无缝钢管可选用 10 号或 20 号碳钢。而奥氏体不锈钢有稳定的奥氏体组织，具有良好的耐腐蚀性能和冷加工性能。不锈钢抗腐蚀性能虽好，但价格高且稀缺，应尽量少用。

3.4.4 利用 Aspen EDR 进行管壳式换热器设计

Aspen Exchanger Design & Rating（Aspen EDR）是传热系统领域应用最为广泛的换热器设计软件。Aspen EDR 通过技术手段将工艺流程模拟软件和综合工具进行整合，即可以在流程模拟计算之后直接无缝集成转入换热器的设计计算，使 Aspen Plus、Aspen HYSYS 流程计算与换热器设计一体化，用户能够很方便地进行数据传递并对换热器详细尺寸在流程中带来的影响进行分析，大大降低了人工输入数据导致的错误率，保证了计算结果的可信度，有效提高了设计效率。Aspen EDR 中包含的 Shell & Tube、Plate、Air Cooled 和 Fired Heater 等主要设计程序可以实现管壳式换热器、板式换热器、空冷器和加热炉等多种换热设备的工艺计算，Shell & Tube Mechanical 还能对管壳式换热器进行专门的机械结构设计。

3.5 储罐的选型与设计

储罐主要用于储存化工生产中的原料、中间体或产品等，储罐是化工生产中最常见的设备。

3.5.1 储罐的分类

储罐容器的设计要根据所储存物料的性质、使用目的、运输条件、现场安装条件、安全可靠程度和经济性等原则选用其材质和大体形式。

储罐根据形状来划分，有方形储罐、圆筒形储罐、球形储罐和特殊形储罐

（如椭圆形、半椭圆形）。每种形式又按封头形式不同分为若干种，常见的封头有平板、锥形、球形、碟形、椭圆形等，有些容器如气柜、浮顶式储罐，其顶部（封头）是可以升降浮动的。

储罐按制造的材质分为钢、有色金属和非金属材质。常见的有普通碳钢、低合金钢、不锈钢、搪瓷、陶瓷、铝合金、聚氯乙烯、聚乙烯和环氧玻璃钢、酚醛玻璃钢等。

储罐按用途又可以分为储存容器和计量、回流、中间周转、缓冲、混合等工艺容器。

（1）立式储罐有：

1）平底平盖系列（HG/T 3146—1985）；

2）平底锥顶系列（HG/T 3148—1985）；

3）90°无折边锥形底平盖系列（HG/T 3149—1985）；

4）立式球形封头系列（HG/T 3152—1985）；

5）90°折边锥形底、椭圆形盖系列（HG/T 3151—1985）；

6）立式椭圆形封头系列（HG/T 3153—1985）。

以上系列储罐适用于常压储存非易燃易爆、非剧毒的化工液体。技术参数为容积（m^3）、公称直径（mm）和筒体高度（mm）。

（2）卧式储罐有：

1）卧式无折边球形封头系列，用于 $p \leqslant 0.07$MPa，储存非易燃易爆、非剧毒的化工液体；

2）卧式有折边椭圆形封头系列（HG/T 3153—1985），用于 $p = 0.25 \sim 4.0$MPa，储存化工液体。

（3）立式圆筒形固定顶储罐系列（HG/T 21502.1—1992）。适用于储存石油、石油产品及化工产品。用于设计压力 $0.5 \sim 2.0$kPa，设计温度 $-19 \sim 150$℃，公称容积 $100 \sim 30000m^3$，公称直径 $5200 \sim 44000$mm。

（4）立式圆筒形内浮顶储罐系列（HG/T 21502.2—1992）。适用于储存易挥发的石油、石油产品及化工产品。用于设计压力为常压，设计温度 $-19 \sim 80$℃，公称容积 $100 \sim 30000m^3$，公称直径 $4500 \sim 44000$mm。

（5）球罐系列。适用于储存石油化工气体、石油产品、化工原料、公用气体等。占地面积小，储存容积大。设计压力 4MPa 以下，公称容积 $50 \sim 1000m^3$，结构类型有橘瓣型、混合型及三带至七带球罐。

（6）低压湿式气柜系列（HG/T 21549—1995）。适用于化工、石油化工气体的储存、缓冲、稳压、混合等气柜的设计。设计压力 4kPa 以下，公称容积 $50 \sim 10000m^3$。按导轨形式分为螺旋气柜、外导架直升式气柜、无外导架直升式气柜。按活动塔节数分为单塔节气柜、多塔节气柜。

3.5.2 储罐设计的一般程序

3.5.2.1 汇集工艺设计数据

经过物料和热量衡算，确定储罐中将储存物料的温度、压力、最大使用压力、最高使用温度、最低使用温度、介质的腐蚀性、毒性、蒸气压、介质进出量、储罐的工艺方案等。

3.5.2.2 选择容器材料

从工艺要求来决定材料的适用与否，对于化工设计来说介质的腐蚀性是一个十分重要的参数。通常许多非金属储罐，一般只用作单纯的储存容器，而作为工艺容器时，有时温度、压力等不允许，所以必要时，应选用搪瓷容器或由钢制压力容器衬胶、衬瓷、衬聚四氟乙烯等加以解决。

3.5.2.3 容器形式的选用

我国已有许多化工储罐实现了系列化和标准化，在储罐形式选用时，应尽量选择已经标准化的产品。

3.5.2.4 容积计算

容积计算是储罐工艺设计和尺寸设计的核心，它随容器的用途而异。

A 原料和成品储罐

这类储罐的体积与需要储存的物料关系十分明显。原料的储存分全厂性的原料库房储存和车间工段性的原料储存。如化工厂外购的浓硫酸、液碱，每次运进的量较大，有专门的仓库储存，储罐总容量是考虑两次运进量再加 10%～20% 的裕度。当然还要根据运输条件和消耗情况，一般主张至少有一个月的耗用量储存。车间的储罐一般考虑至少半个月的用量储存，因为车间的成本核算常常是逐月进行的，一般储量不主张超过一个月。

成品储罐一般是指液体和固体。固体成品储罐使用较少，常常都及时包装，只有中间性储存。液体产品储罐一般设计至少能存储一周的产品产量，有时根据物料的出路，如厂内使用，视下工段（车间）的耗量，可以储存一个月以上或储存量可以达到下一工段使用的两个月的数量。如果是厂的终端产量，储罐作为待包装储罐，存量可以适当小一些，最多可以考虑半个月的产量，因为终端产品应及时包装进入成品库房，或成品大储罐，安排放在罐区液体储罐装载系数通常可达 80%，这样可以计量出原料产品的最大储存量。

气柜常常作为中间储存气体使用，一般可以设计得稍大些，可以达两天或略多时间量。因为气柜不宜多日持久储存，当下一工段停止使用时，这一产气工序应考虑停车。

B 中间储罐

当物料、产品、中间产品的主要储罐距工艺设施较远，或者作为原料、中间体间歇、中断供应时调节之用，有些中间储罐是待测试检验，以确定去向的储罐，如多组分精馏过程中确定产品合格与否的中间性储罐，有些储罐是工艺流程中切换使用，或以备翻罐挪转用的中间罐等。

这一类储罐有时称"昼夜罐"，即是考虑一昼夜的产量或发生量的储存罐。具体情况亦不能一概而论，有时则不只一天，甚至达一周的储量。

C 计量罐、回流罐

计量罐的容积一般考虑少到 10min、15min，多到 2h 或 4h 产量的储存。计量罐装载系数一般按照 60%~70%，因为计量罐的刻度一般在罐的直筒部分，使用度常为满量程的 80%~85%。

回流罐一般考虑 5~10min 的液体保有量，作冷凝器液封之用。

D 缓冲罐、汽化罐等

缓冲罐的目的是使气体有一定数量的积累，使之压力比较稳定，从而保证工艺流程中流量操作的稳定，因此往往体积较大，常常是下游使用设备 5~10min 的用量，有时可以超过 15min 的用量，以备在紧急时，有充裕的时间处理故障，调节流程或关停机器。

某些物料在恒定温度下，以气液平衡的状态出现在储罐中，而在工艺过程中使用其蒸气，这类罐称为汽化罐（可加热，也可不加热），其物料汽化空间常常是储罐总容积的 50%。汽化空间的容量大小常常根据物料汽化速度来估计，一般要求汽化空间足够下游设备 3min 以上的使用量，在 2min 左右，一般汽化都能实现。

E 混合、拼料罐

化工产品有一些是要随间歇生产而略有波动变化的，如某些物料的固含量、黏度、pH 值、色度或分子量等可能在某个范围内波动，为使产物质量稳定，或减少出厂检验的批号分歧，在产品包装前将若干批加以拼混，俗称"混批"，混批罐的大小，根据工艺条件而定，考虑若干批的产量，装载系数约 70%（用气体鼓泡或搅拌混合）。

F 包装罐等

包装罐一般可视同于中间储罐，原则上是"昼夜罐"，对于需要及时包装的储罐、定期清洗的储罐，容积可考虑偏小。

总之，储罐的容积要根据物料的工艺条件和工艺要求、储存条件等决定。有效容积占储罐的总体积数为装载系数，不同场合下，考虑装载系数不一样，一般在 60%~80%，某些场合（如汽化空间）可低至 50% 或更少，有时可以高至

85%。固体包装罐或在固体储罐中装有充压、吹扫等装置的，其装载系数应偏低。如此，可以确定出容器的设计体积。

3.5.2.5 确定储罐基本尺寸

根据上述几项设计原则，已经选择了储罐材料，确定了基本形式（即卧式、立式、封头形式等），并计算了设计容积，下面则应根据物料重度、卧式或立式的基本要求、安装场地的大小，确定储罐的大体直径。储罐直径的大小，要根据国家规定的设备的零部件即筒体与封头的规范，确定一个尺寸，据此计算储罐的长度，核实长径比，如长径比太大（即偏长）或太小（即偏圆），应重新调整，直到大体满意，外形美观实用。储罐大小应与其他设备匹配，整体美观，并与工作场所的尺寸相适应。

3.5.2.6 选择标准型号

关于各类容器国家有通用设计图系列，根据计算初步确定直径和长度、容积，在有关手册中查出与之符合或基本相符的规格。即使从标准系列中找不到符合的规格，亦可根据相近的结构规格在尺寸上重新设计。

3.6 塔的选型设计

塔设备是化工生产中最重要的设备之一，它可使气（或汽）液或液液两相之间进行紧密接触，达到相际传质和传热的目的。塔设备可完成的常见单元操作有精馏、吸收、解吸和萃取等。

3.6.1 塔设备的分类及选型

塔设备经过长期发展，形成了形式繁多的结构，以满足各方面的特殊需要，为便于研究和比较，可以从不同角度对塔设备进行分类。例如，按操作压力分为加压塔、常压塔和减压塔；按单元操作分为精馏塔、吸收塔、解吸塔、萃取塔和反应塔。但长期以来，最常用的分类是按塔内气液接触部件的结构型式，分为板式塔和填料塔两大类。

板式塔是在塔内装有多层塔板（盘），传热传质过程基本上是在每层塔板上进行，塔板的形状、塔板结构或塔板上气液两相的表现，就成了命名这些塔的依据，如筛板塔、栅板塔、舌形板塔、斜孔板塔、波纹板塔、泡罩塔、浮阀塔、喷射板塔、穿流板塔、浮动喷射板塔等。

简要介绍几种板式塔中较为常用的类型。浮阀塔一般生产能力大，弹性大，分离效率高，雾沫夹带少，液面梯度较小，结构较简单。目前很多专家正力图对此改进提高，不断有新的浮阀类型出现。泡罩塔是工业上使用最早的一种板式塔，气液接触有充分的保证，操作弹性大，但其分离效率不高，金属耗量大且加工较复杂，应用逐渐减少。筛板塔是一种有降液管、板形结构最简单的板式塔，孔径一般为 4~8mm，制造方便，处理量较大，清洗、更换、维修均较容易，但操作范围较小，适用于清洁的物料，以免堵塞。波纹穿流板塔是一种新型板式塔，气液两相在板上穿流通过，没有降液管，加工简便，生产能力大，雾沫夹带小，压降小，除污容易且不易堵塞，在除尘、中和、洗涤等方面应用更为广泛。

填料塔用于吸收和解吸操作时，可以达到很好的传质效果。填料塔具有结构简单、压降小，且可用各种材料制造等优点。在处理易起泡的物系及用于真空操作时，有其独特的优越性。过去由于填料本体及塔内件不够完善，填料塔大多局限于处理腐蚀性介质或不适宜安装塔板的小直径塔。近年来，由于填料结构的改进，新型的高效、高负荷填料的开发，既提高了塔的通过能力和分离效能，又保持了压降小和性能稳定的特点，因此填料塔已被推广到所有大型气液操作中，诸如原料气的净化、气体产品的精制、治理有害气体等方面绝大多数使用填料塔。在某些场合，还代替了传统的板式塔。随着对填料塔的研究和开发，性能优良的填料塔已大量应用于工业生产中。

板式塔和填料塔的比较及选用分别见表 3-8、表 3-9。

表 3-8　板式塔和填料塔的比较

项目	板式塔	填料塔（分散填料）	填料塔（规整填料）
压力降	一般比填料塔大	较小，较适用于要求压力降小的场合	更小
空塔气速因子 $F = u\sqrt{r_g}$（生产能力）	比散堆填料塔大	稍小，但新型分散填料也可比板式塔高些	较前两者大
塔效率	效率较稳定，大塔板比小塔板效率有所提高	塔径 $\phi 1500mm$ 以下效率高，塔径增大，效率常会下降	较前两者高，对大直径塔无放大效应
液气比	适应范围较大	对液体喷淋量有一定要求	范围较大
持液量	较大	较小	较小
材质要求	一般用金属材料制作	可用非金属耐腐蚀材料	适应各类材料
安装维修	较容易	较困难	适中
造价	直径大时一般比填料塔造价低	$\phi 800mm$ 以下，一般比板式塔便宜，直径增大，造价显著增加	较板式塔高
质量	较小	大	适中

表 3-9 塔形选用顺序

考虑因素	选择顺序	考虑因素	选择顺序
塔径	800mm 以下，填料塔	污浊液体	1. 大孔径筛板塔； 2. 穿流板式塔； 3. 喷射板型塔； 4. 浮阀塔
	800mm 以上　1. 板式塔； 　2. 填料塔		
具有腐蚀性的物料	1. 填料塔； 2. 穿流板式塔； 3. 筛板塔； 4. 喷射板型塔		
操作弹性	1. 填料塔； 2. 浮阀塔； 3. 泡罩塔； 4. 筛板塔	大液气比	1. 导向筛板塔； 2. 多降液管筛板塔； 3. 填料塔； 4. 喷射板型塔； 5. S形泡罩塔； 6. 浮阀塔； 7. 筛板塔； 8. 条形泡罩塔
真空或压降较低的操作	1. 穿流式栅板塔； 2. 填料塔； 3. 浮阀塔； 4. 筛板塔； 5. 圆形泡罩塔； 6. 其他斜喷板塔（斜孔板塔等）		
		存在两液相的场合	1. 穿流板式塔； 2. 填料塔

3.6.2 塔设备设计的一般程序和方法

在化工设计课程设计中，塔设备设计包括工艺设计和结构设计两方面内容。工艺计算的任务是以流经塔内的气液两相流量、操作条件和系统物性为依据设计出具有良好性能（压降小、弹性宽、效率高）的塔板工艺尺寸，并进一步核算塔板或填料层流体力学条件以确定结构尺寸，如图 3-3 所示。但因在一定的操作条件下，塔板的性能与其结构、尺寸密切相关，又因必须由设计确定的塔板结构参数实在太多，无法一一找出结构参数、物性、操作条件与流体力学性能之间的定量关系，故为了简化设计程序又可得到合理的结果，设计中通常是选定若干参数（如板间距、塔径、溢流堰尺寸等）作为独立变量，确定这些变量之后，再对其流体力学性能进行计算，校核其是否符合规定的数据范围，并绘制塔板负荷性能图，从而确定该塔板的适当操作区。如不符合要求就必须修改设计参数，重复上述设计步骤，直至符合要求为止。必须指出，在设计中不论是确定独立变量还是进行流体力学校核都是以经验数据作为设计的依据和比较的标准。

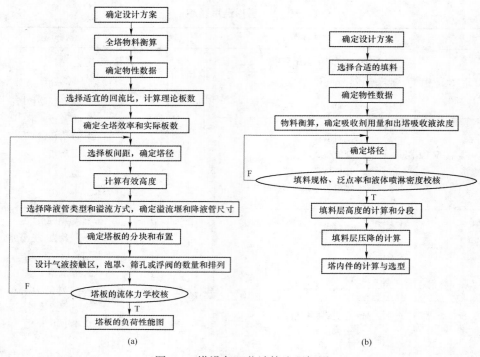

图 3-3　塔设备工艺计算流程框图

（a）板式塔设计流程；（b）填料塔设计流程

　　根据工艺中的分离任务和分离要求，塔设备理论板数的计算可以采用国际上通用的流程模拟软件 Aspen Plus、Pro/Ⅱ 等，通过模拟即可获得所需的理论板数、进料位置、各板的温度、压力、组成和气液相流量的变化等，计算快捷准确。表 3-10 给出了塔设备设计的常用方法和工具。

表 3-10　塔设备选型方法和工具

项目	工　具	来　　源	作　用
两个标准	化工设备设计全书——塔设备设计	化学工业部设备设计技术中心站主编（2002）	设计参照标准
	化工工艺设计手册	中国石化集团上海有限公司主编（2018）	设计参照标准
五个软件	Aspen Plus	Aspen Tech 公司开发	模拟水力学参数、水力学设计及选型结果核算
	Sulcol	Sulzer Chemtech 公司开发	填料塔性能计算
	CUP-TOWER	中国石油大学开发	塔水力学设计
	KG-TOWER	Koch-Glitsch 公司开发	塔盘水力学校核
	SW6-2011	全国化工设备设计技术中心站	塔机械强度校核

3.7 反应器的选型设计

化学反应过程和反应器是化工生产流程中的中心环节，反应器的设计往往占有重要的地位。相对而言，化工生产流程中的单元操作如热交换、蒸馏、吸收和干燥等，只涉及物理变化，其设计计算理论较为成熟，实践经验较为丰富；而在反应器中发生的是传热、传质等物理过程和化学反应过程共同及交互作用的结果，比单纯的物理操作或化学过程要复杂得多。反应器设计所依据的是化学反应工程理论，是化学反应工程理论的实际应用。

在化工设计课程设计中，反应器的选型设计需要综合运用化学反应动力学、传递过程原理、化工热力学和设备控制等知识，正确选用反应设备的结构型式，从而获得最佳的反应操作特性和控制方式，开发高效、节能和绿色的反应设备。

3.7.1 反应器的分类

根据反应器的不同特性，有不同的分类方法。按反应物系的相态来划分，可分为均相反应器和多相反应器；按操作方式来划分，可分为间歇式、半连续式和连续式反应器；按过程流体力学划分，可分为泡状流型、柱塞流型和全混流型反应器；按过程传热学划分，可分为绝热、等温和非等温非绝热反应器；按结构原理划分，可分为管式反应器、釜式反应器、塔式反应器、固定床反应器、流化床反应器、移动床反应器、滴流床反应器等。

由于每个反应均有其自身特点，选型时需要结合反应器的特性进行综合分析，做出合理选择。表 3-11 为各类反应器的应用特点与生产举例。

表 3-11　反应器的型式与特性

形式	适用的反应	优缺点	生产举例
搅拌槽，一级或多级串联相	液相，液-液相，液-固相	适用性强，操作弹性大，连续操作时温度、浓度容易控制，产品质量均一，但高转化率时，反应容积大	苯的硝化，氯乙烯聚合，釜式法高压聚乙烯，顺丁橡胶聚合等
管式	气相，液相	返混小，所需反应器容积较小，比传热面大；但对慢速反应，管要很长，压降大	石脑油裂解甲基丁炔醇合成，管式法高压聚乙烯
空塔或搅拌塔	液相，液-液相	结构简单，返混程度与高径比及搅拌有关，轴向温差大	苯乙烯的本体聚合，己内酰胺缩合，醋酸乙烯溶液聚合等

形式	适用的反应	优缺点	生产举例
鼓泡塔或挡板鼓泡塔	气-液相, 气-液-固 (催化剂) 相	气相返混小, 但液相返混大; 温度较易调节; 气体压降大, 流速有限制; 有挡板可减少返混	苯的烷基化, 乙烯基乙炔的合成, 二甲苯氧化等
填料塔	液相, 气-液相	结构简单, 返混小, 压降小; 有温差, 填料装卸麻烦	化学吸收, 丙烯连续聚合
板式塔	气-液相	逆流接触, 气液返混均小; 流速有限制; 如需传热, 常在板间另加传热面	苯连续磺化, 异丙苯氧化
喷雾塔	气-液相快速反应	结构简单, 液体表面积大; 停留时间受塔高限制; 气流速度有限制	高级醇的连续磺化
湿壁塔	气-液相	结构简单, 液体返混小, 温度及停留时间易调节; 处理量小	苯的氯化
固定床	气-固 (催化或非催化) 相	返混小, 高转化率时催化剂用量少, 催化剂不易磨损; 传热控温不易, 催化剂装卸麻烦	乙苯脱氢, 乙炔法制氯乙烯, 合成氨, 乙烯法制醋酸乙烯等
流化床	气-固 (催化或非催化) 相, 特别是催化剂失活很快的反应	传热好, 温度均匀, 易控制, 催化剂有效系数大粒子输送容易, 但磨耗大床内返混大, 对高转化率不利, 操作条件限制较大	萘氧化制苯酐, 石油催化裂化, 乙烯氧化制二氯乙烷, 丙烯氨氧化制丙烯腈等
移动床	气-固 (催化非催化) 相, 催化剂很快失活的反应	固体返混小, 固气比可变性大, 粒子传送	石油催化裂化, 矿物的焙烧或冶炼
滴流床 (涓流床)	气-液-固 (催化剂) 相	催化剂带出少, 分离易; 液分布要求均匀, 温度调节较困难	焦油加氢精制和加氢裂解, 丁炔二醇加氢等
蓄热床	气相, 以固相为热载体	结构简单, 材质容易解决, 调节范围较广; 但切换频繁, 温度波动大, 收率较低	石油裂解, 天然气裂解
回转筒式	气-固相, 固-固相高黏度液相, 液-固相	粒子返混小, 相接触界面小, 传热效能低, 设备容积较大	苯酐转位成对苯二甲酸, 十二烷基苯的磺化
载流管	气-固 (催化或非催化) 相	结构简单, 处理量大, 瞬间传热好, 固体传送方便, 停留时间有限制	石油催化裂化

形式	适用的反应	优缺点	生产举例
喷嘴式	气相，高速反应的液相	传热和传质速度快，流体混合好，反应物急冷易，但操作条件限制较严	天然气裂解制乙炔，氯化氢的合成
螺旋挤压机式	高黏度液相	停留时间均一，传热较困难，能连续处理高黏度物料	聚乙烯醇的醇解，聚甲醛及氯化聚醚的生产

3.7.2 反应器设计的一般程序和方法

3.7.2.1 反应器设计的一般程序

在化工设计课程设计中，反应器设计的主要任务首先是根据反应和物料的特点，选择反应器的型式和操作条件，然后根据工艺生产的任务和要求，确定转化率、进料量及催化剂用量，并以此确定反应器主要构件的尺寸，同时还应该考虑经济的合理性、操作的稳定性和环境保护等多方面的要求。

在反应器设计时，除了通常说的要符合"合理、先进、安全、经济"的原则，在落实到具体问题时，要考虑下列设计要点：

（1）保证物料转化率和反应时间；

（2）满足物料和反应的热传递要求；

（3）注意材质选用和机械加工要求。

反应器的主要设计步骤可参考以下顺序进行：

（1）反应器选型；

（2）确定合适的工艺条件；

（3）确定实现这些工艺条件所需的技术措施；

（4）通过流程模拟软件论证技术措施；

（5）确定反应器的结构尺寸；

（6）确定必要的控制手段。

3.7.2.2 利用 Aspen Plus 进行反应器设计

Aspen Plus 根据不同的反应器型式，提供了七种不同的反应器模块，见表 3-12。

表 3-12 反应器单元模块介绍

模块	说明	功能	适用对象
RStoic	化学计量反应器	规定反应程度和转化率的化学计量反应器模块	反应动力学数据未知或不重要，但化学计量系数和反应程度已知的反应器

模块	说明	功能	适用对象
RYield	产率反应器	规定产率的反应器模块	化学计量系数和反应动力学数据未知或不重要，但产率分布已知的反应器
REquil	平衡反应器	通过化学计量系数计算实现化学平衡和相平衡	化学平衡和相平衡同时发生的反应器
RGibbs	吉布斯反应器	通过 Gibbs 自由能最小实现化学平衡和相平衡	化学平衡和相平衡同时发生的反应器，对固体溶液和气液固系统计算相平衡
RCSTR	全混釜反应器	模拟全混反应器	带反应速率控制和平衡反应的单相、两相或三相全混釜反应器
RPlug	平推流反应器	模拟平推流反应器	带反应速率控制的单相、两相或三相平推流反应器
RBatch	间歇式反应器	模拟间歇式或半间歇式反应器	带反应速率控制的单相、两相或三相间歇和半间歇的反应器

这七类反应器模块可以划分为以下三类。

（1）生产能力类反应器。包括化学计量反应器（RStoic）和产率反应器（RYield）两种，其主要特点是用户指定生产能力进行物料和能量衡算，不考虑热力学可能性和动力学可行性。

（2）热力学平衡类反应器。包括平衡反应器（REquil）和吉布斯反应器（RGibbs）两种，其主要特点是根据热力学平衡条件计算体系发生化学反应能达到的热力学结果，不考虑动力学可行性。

（3）动力学类反应器。包括全混釜反应器（RCSTR）、平推流反应器（RPlug）、间歇釜反应器（RBatch）三种，其主要特点是根据化学反应动力学计算反应结果。

动力学类反应器较另两类反应器而言更为复杂，模型参数更多，涉及化学动力学问题，需要综合运用化学反应工程的相关知识。下面以全混釜反应器为例，对采用化学动力学类反应器模块进行反应器设计的方法进行简要介绍。

理想全混釜反应器为动力学反应器，可模拟单相、两相、三相体系，也可处理固体。已知化学反应式、动力学方程和平衡关系，可以通过全混釜反应器计算反应器体积、反应时间及反应器热负荷，同时可处理动力学控制和平衡控制两类反应，其主要参数设置见表 3-13。

表 3-13　全混釜反应器模块主要参数设置

参　数	作　用
Setup/Specifications	指定反应器的操作条件、有效相态、反应器体积或停留时间
Setup/Streams	多个物流时指定每个物流的出口相态
Setup/Reactions	选择化学反应对象
Setup/PSD	指定固体组成粒子尺寸分布
Setup/Component Attr	指定固体组分属性
Setup/Catalyst	指定催化剂装填信息

例 3-1　用全混釜反应器进行乙酸（A）与乙醇（B）的酯化反应，生成乙酸乙酯（R）和水（S），反应在 $3\times101.325\text{kPa}(3\text{atm})$、$100℃$ 下进行，化学反应式为：

$$CH_3COOH + C_2H_5OH \longrightarrow CH_3COOC_2H_5 + H_2O$$

原料中反应组分的质量比为乙酸：乙醇：水 $=1:2:1.35$，反应的速率方程为：

$$-r_A = k\left(C_A C_B - \frac{1}{K_C} C_C C_D\right)$$

式中

$$k = 0.2479\exp\left(-\frac{3.211\times10^7}{RT}\right)$$

$$K_C = 1.019\times10^{-19}\exp\left(\frac{1.39\times10^8}{RT}\right)$$

已知液体 $30℃$ 进料，处理量为 $4\text{m}^3/\text{h}$，乙酸的转化率为 35%，试计算反应器的体积。

解：（1）输入组分（见图 3-4），选择物性方法 SRK（见图 3-5）。

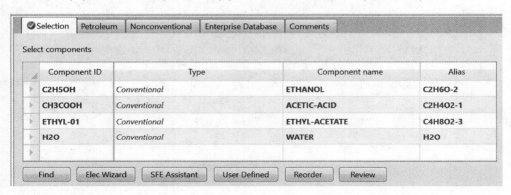

图 3-4　反应体系组分输入

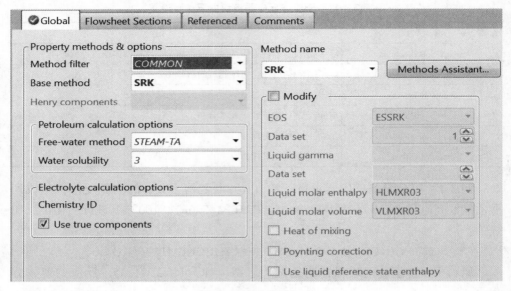

图 3-5　设置物性方法

（2）在 Flowsheet 窗口构建流程图。

（3）设置进料物流参数，如图 3-6 所示。

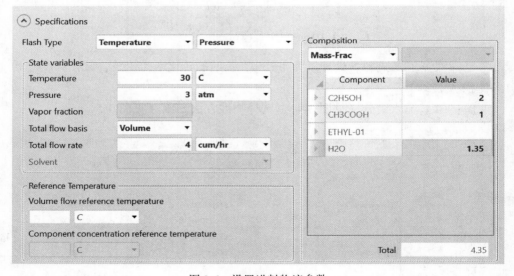

图 3-6　设置进料物流参数

（4）设置 RCSTR 反应器参数。在 Specifications 表单操作条件（Operation conditions）中设置温度、压力（或热负荷），在持料状态（Holdup）下设置有效相态和反应器设定方式。反应器的设置在 7 项中选择一个，此处选择反应器体积 Reactor volume 进行设置，输入数值 18（此处为估值，后续将通过设计规定求取 达到规定要求的反应器体积），如图 3-7 所示。

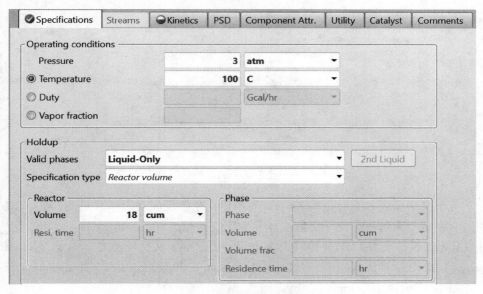

图 3-7　设置进料物流参数

（5）定义化学反应对象集，选择动力学方程类型为 LHHW（见图 3-8），然 后输入化学反应计量方程式（见图 3-9）。

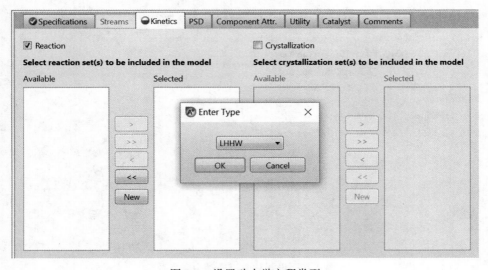

图 3-8　设置动力学方程类型

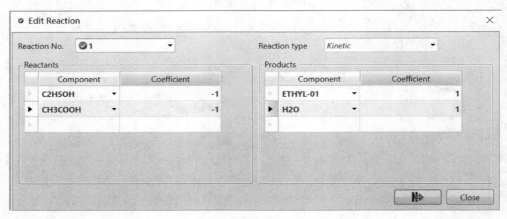

图 3-9 设置化学反应计量方程式

接下来切换到 R-1 对象集 Kinetic 表单定义化学反应动力学（见图 3-10），在动力学表单中为每一个化学反应选择发生反应的相态（Reacting phase）和浓度基准（Rate basis）。对 LHHW 型动力学方程，要分别定义反应动力学因子（Kinetic factor）、推动力表达式（Drivingforce expression）和吸附表达式（Adsorption expression），根据已知，输入动力学因子数据。

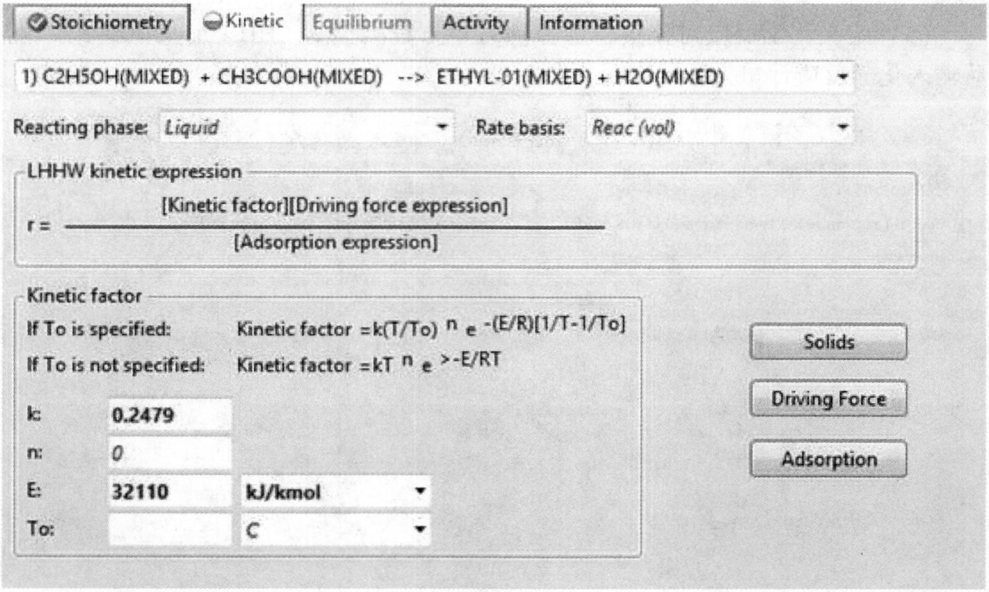

图 3-10 设置化学反应动力学参数

点击 Driving Force 打开推动力表达式输入界面，包括 Term1 和 Term2 两项，分别代表正反应和逆反应的推动力，分别表达为体系中各组分浓度的幂乘积，如图 3-11 所示。参数 A、B 根据已知数据和公式计算而来（此过程不存在吸附过程的影响，无须设置吸附表达式）。

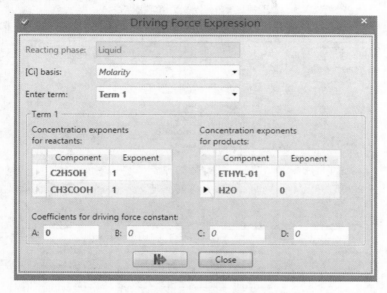

图 3-11　正反应推动力表达式参数设置

（6）运行程序，查看乙酸的转化率是否达到要求。根据乙酸的进出口流率，计算转化率，如图 3-12 所示。转化率=（进口流率−出口流率）/进口流率=33.51%。

Material	Heat	Load	Work	Vol.% Curves	Wt. % Curves	Petroleum	Polymers	Solids

		Units	IN ▼	OUT ▼	▼
▶	− Mole Flows	kmol/hr	109.267	109.267	
▶	C2H5OH	kmol/hr	35.1374	30.6265	
▶	CH3COOH	kmol/hr	13.4777	8.96683	
▶	ETHYL-01	kmol/hr	0	4.51091	
▶	H2O	kmol/hr	60.6515	65.1624	

图 3-12　反应器计算运行结果

（7）利用设计规定，计算乙酸转化率达到 35% 时所需的反应器体积。以乙酸的进出口摩尔流率作为目标变量，如图 3-13 所示。

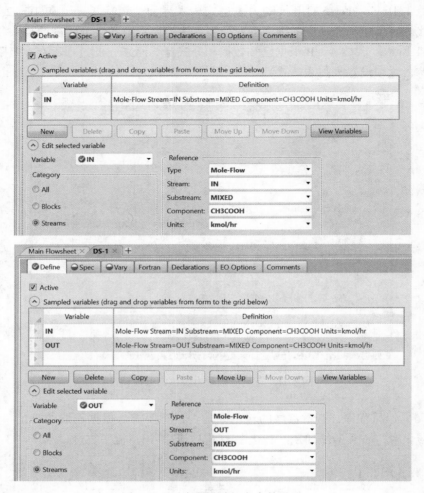

图 3-13　反应器设计规定参数设置

以乙酸转化率为 35% 作为反应器设计规定目标，如图 3-14 所示。

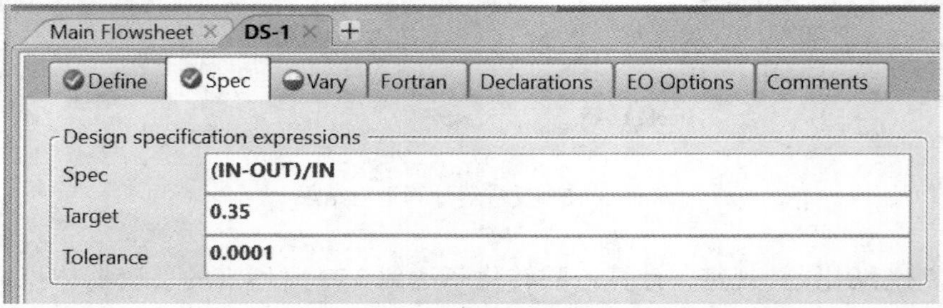

图 3-14　定义反应器设计规定目标参数

设定操作变量为反应器体积，如图 3-15 所示。

Main Flowsheet
DS-1 - Input
Define
Spec
Vary
Fortran
Declarations
EO Options
Comments
Manipulated variable
Type
Block-Var
Block:
R-CSTR
Variable:
VOL
Sentence:
PARAM
Units:
cum
Manipulated variable limits
Lower
18
Upper
25
Step size
Maximum step size
Report labels
Line 1
Line 2
Line 3
Line 4

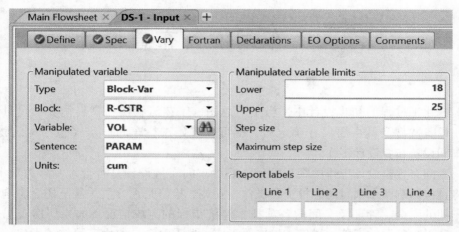

图 3-15　反应器设计规定操作变量设置表单

（8）运行，查看反应器计算结果，如图 3-16 所示。反应器热负荷为 251.3kW，反应器体积为 20.35m^3，停留时间为 4.57h。

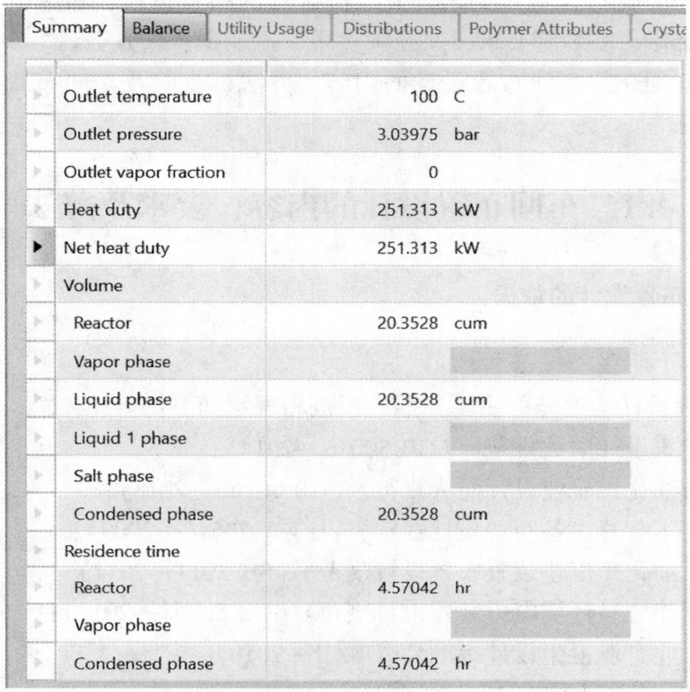

Summary
Balance
Utility Usage
Distributions
Polymer Attributes
Crysta
Outlet temperature 100 C
Outlet pressure 3.03975 bar
Outlet vapor fraction 0
Heat duty 251.313 kW
Net heat duty 251.313 kW
Volume
Reactor 20.3528 cum
Vapor phase
Liquid phase 20.3528 cum
Liquid 1 phase
Salt phase
Condensed phase 20.3528 cum
Residence time
Reactor 4.57042 hr
Vapor phase
Condensed phase 4.57042 hr

图 3-16　反应器设计结果

4 ◆ 车间设备布置设计

在化工过程的初步设计中，当工厂总图、工艺流程图、物料衡算、热量衡算、设备选型及其主要尺寸确定后，就可以开始进行车间厂房（包括构筑物）和车间设备布置设计工作。

车间布置是设计工作中很重要的一环。车间布置设计是否合理，事关重大，它将直接影响整个项目的总投资及操作、安装、检修是否方便，甚至还会影响整个车间的安全、管理及车间的各项技术经济指标的完成情况。如果厂房布局过小，会影响日后的安装、操作、检修等工作，严重时会导致生产事故的发生，厂房间距如不符合有关防火的规定，将会导致车间不能开工生产；反之厂房布局如果过于宽敞，会增加厂房的占地面积、建筑面积和安装管道的用材等，这都会增加整个项目的建设投资。因此，在进行布置设计时，要全盘统筹考虑，合理安排布局，才能完成既符合生产要求，又经济合理的布置设计，做到既满足生产工艺、操作、维修、安装等要求，又经济实用、占地少、整齐美观。

下面将分别介绍车间布置设计的内容、方法、步骤及车间布置图的绘制等内容。

4.1 车间布置设计的内容、要求及方法

4.1.1 车间布置设计的依据

4.1.1.1 标准、规范和规定

车间布置设计应遵循的主要标准、规范和规定如下：

（1）《建筑设计防火规范》（GB 50016—2014）；

（2）《石油化工企业设计防火规范》（GB 50160—2018）；

（3）《化工装置设备布置设计规定》（HG/T 20546—2009）；

（4）《石油化工工艺装置布置设计规范》（SH 3011—2011）；

（5）《爆炸危险环境电力装置设计规范》（GB 50058—2014）；

（6）《工业企业卫生设计标准》（GBZ 1—2010）。

4.1.1.2 车间布置设计的基础资料

开展车间布置设计有待于完成和熟悉下述各项工作，或需要下列各项条件：

（1）要有厂区总平面布置图，并且在总图上已经明确规定了本车间所处的具体位置和区划；

（2）已掌握本车间与其他各生产车间、辅助生产车间、生活设施及本车间与车间内外的道路、铁路、码头、输电、消防等的关系，了解有关防火、防雷、防爆、防毒和卫生等国家标准与设计规范；

（3）熟悉本车间的生产工艺并绘出带控制点的工艺流程图，熟悉有关物性数据、原材料和主、副产品的储存、运输方式和特殊要求；

（4）熟悉本车间各种设备、设施的特点、要求及日后的安装、检修、操作所需空间、位置，如根据设备的操作情况和工艺要求，决定设备装置是否露天布置、是否需要检修场地、是否经常更换等；

（5）了解与本车间工艺有关的试验室、配电室控制仪表等其他专业和办公、生活设施方面的要求；

（6）具有车间设备一览表和车间定员表；

（7）了解公用系统耗用量及建厂地形和气象资料。

4.1.2 车间布置设计的内容

4.1.2.1 车间厂房布置设计

在进行厂房布置设计时，首先要推敲并确定车间设施的基本组成部分，防止遗漏不全，车间的组成一般包括以下5个部分：

（1）生产设施，包括各生产工段、原料和产品的仓库、控制室、储罐区和露天堆场等；

（2）生产辅助设施，包括除尘通风室、配电室、机修间、化验室等；

（3）生活行政设施，包括车间办公室、更衣室、浴室休息室、会议室、卫生间等（一般可以作为综合行政区，设置在同一座建筑物中）；

（4）其他特殊用室；

（5）近期发展用地，如考虑近期扩建或增加部分设备等所需要的场地。

车间的基本部分确定之后，按照车间设备布置的情况，确定车间厂房的结构型式、跨度、长度、层高和厂房的总高度和它们之间的相互关系、相对位置；确定车间有关场地、道路的位置和大小。

4.1.2.2 车间设备布置设计

车间设备布置设计就是确定各个设备在车间范围内平面与车间立面上准确、具体的位置，同时也确定了场地与建筑物、构筑物的尺寸，安排工艺管道、电气仪表管线、采暖通风管线的位置。

4.1.2.3 绘制车间布置图

将以上设计结果，按照相关规范绘制在图纸上形成车间布置图。当车间设备比较少或车间设备在空间上相对高度相差不大时，一般只绘制设备平面布置图，按规定注明其底面或支撑面的高度。当车间设备比较多且在空间上有较大差别，平面布置上表述过于繁杂时，要绘制立面图或局部剖视图，以表达清楚为原则。

4.1.3 车间布置设计的原则及要求

车间布置设计的原则及要求如下。

（1）从经济和压降的观点出发，车间设备布置应顺从工艺流程，但若与安全、维修和施工有矛盾时，允许有所调整。

（2）车间布置设计要适应总图布置要求，与其他车间、公用工程系统、运输系统形成有机体，力求紧凑、联系方便、缩短输送管道，达到节省管材费用及运行费用的目的。

（3）根据地形、主导方向等条件进行设备布置，有效地利用车间建筑面积（包括空间）和土地（尽量采用露天布置，构筑物能合并者尽量合并）。

（4）最大限度地满足工艺生产（包括设备维修）要求，了解其他专业对本车间的布置要求。

（5）经济效果要好。车间平面布置设计应简洁、紧凑，以达到最小的占地面积；车间立面设计应尽量将高大的设备布置在室外，如不能布置在室外的尽量单独处理，如利用天窗的空间，或将设备穿过屋顶采用部分露天化处理等，尽量降低厂房的高度，以减少建设费用，降低生产成本。

（6）便于生产管理，安装、操作、检修方便。在车间布置设计时，除考虑各个生产工段外，对生产辅助用房，如车间配电室、机修间、化验室等和生活办公用房，如车间办公室、更衣室等，都要合理安排，相互协调，以便于生产管理。设备布置设计的同时，要考虑到日后的施工安装、操作和检修，要尽量创造良好的工作环境，给操作人员留有必要的操作空间和安全距离，如经常联系的设备要尽量靠近，以便于操作；需要经常检修、更换的设备附近要留有一定的检修空间和设备搬运宽度。

（7）要符合有关的布置规范和国家有关法规，妥善处理防火、防爆、防毒、防腐等问题。有毒、有腐蚀性介质的设备应分别集中布置，并设有围堰，保证生产安全；还要符合建筑规范和要求；厂房的大小、高度、形制等要符合建筑规范。设置安全通道，人流和货流尽量不要交错。

（8）要留有发展余地。为便于将来扩建或增建，设计中要留有发展余地。另外留有适当的空间，可补救设计中可能出现的不足，如当生产规模不够时，有增加设备的空间。

4.1.4 车间布置设计的方法和步骤

4.1.4.1 准备资料

准备资料主要包括下述内容。

(1) 管道及仪表流程图。它表示由原料到产品的整个生产过程，所有设备的前后、上下关系，主要的设备结构特征，由此可以确定设备的布置顺序及大体位置。

(2) 设备一览表。它表示设备的规格、尺寸、数量、特点及布置要求，结合工艺流程图可以估算设备的占地面积和空间高度，以确定车间厂房的面积与高度。

(3) 总图与规划设计资料。它表明整个工程的场地与道路情况、外管管道的位置、污水排放位置及有关车间的位置，由此可以从物料的输送关系及各个车间的相互关系来确定车间内各个工段的位置；结合工艺要求和操作情况就能确定装置是露天布置还是室内布置。

(4) 有关的规范和标准。布置设计必须严格按照国家有关的规范与标准进行，如设计防火规范规定了有关易燃易爆设备之间的最小设计距离。安全卫生规范亦有明确规定，不得随意布置。

4.1.4.2 确定厂房布置和设备布置方案

车间厂房布置方法不同可以产生不同的效果，厂房的外形尺寸与全厂的管网、外线及本车间的管廊、管网等都有很大关系。因此，在着手布置设备之前，必须先确定厂房布置的方案，确定厂房的外形、尺寸和分布，剩下的就是在已确定的厂房（场地）内安置设备了。

设备布置的方案一般采用按流程布置和同类设备集中布置的方案，通常都是将这两种方法穿插使用，即在总体上是按流程布置，如精馏装置多塔流程，通常是按其流程顺序布置塔器的，但塔的各个回流泵、输送泵，又可能是集中布置的，而不一定绝对按流程"塔—泵—接收器—塔—泵—接收器"等这样排布，很多情况下，塔一起布置，而泵又集中布置，甚至于泵与其他操作工序中的泵一起集中布置等。但在宏观上，设备的布置一般都是按流程布置的，这是经实践证明的、管路不致重复往返、缩短管路、物料流动顺畅、维修方便、利于管理和工人操作、减少失误、节省投资和省地的优化方案。

在按流程布置时，要注意车间内的交通、运输和人行通道及维修场地与空间的安排。如流程中的设备要牵涉投料，有些地方要有其他设备运行或有人行过道、消防过道、安全通道等。有些设备，如反应釜的搅拌轴、浮头式冷凝器的内部构件，在维修时要吊出或抽出，必须留有空间和空地，这些在方案确定时就要考虑到，某些检修场地甚至要在图上标出。

4.1.4.3　绘制车间布置草图

在布置设计开始之前，工艺设计人员要对准备的资料尤其是对工艺流程、所有设备的尺寸、结构及要求了解透彻，同时要有立体概念。在初步进行布置设计时，一般是按照流程式布置，即将设备按流程的顺序依次进行布置。这样可以避免管道重复往返，缩短管道总长，既节约投资，又节省占地。

在绘制车间布置草图时，应先初步确定厂房宽度和柱距，初步估算厂房面积，然后将所有设备根据设备布置的原则绘制在图面上，再逐个计算每个设备所需的辅助场地和空间，以及其他设施所需的场地和空间，同时要考虑柱子、楼梯、通道等所需的场地和空间，考虑周全后，对布置进行反复推敲、精心琢磨、合理调整，完成设备布置草图的绘制工作。

由于车间布置设计比较复杂，对于一些流程比较复杂的车间，通常要按比例进行多个方案布置，同时做出几个布置设计方案进行比较，最后选择最为经济合理的方案作为车间布置草图。

4.1.4.4　绘制车间设备布置图

车间平面布置草图完成后，厂房的跨度、高度、柱子、楼梯的位置及各个设备的位置等基本都确定下来后，剩下的工作就是进一步修改、完善，绘制规范的车间设备布置图。

4.2　车间的整体布置设计

车间的整体布局主要根据生产规模、生产特点、厂区面积和地形及地质条件而定，采用集中式和分散式两种布置。凡生产规模较小、车间中各工段联系频繁、生产特点无显著差异时，在符合建筑设计防火规范及工业企业设计卫生标准的前提下，结合建厂地点的具体情况，可将车间的生产、辅助、生活部门集中布置在一幢厂房内。医药、农药、一般化工的生产车间都是集中式布置。凡生产规模较大、车间内各工段的生产特点有显著差异、需要严格分开或者厂区平坦地形的地面较少时，车间多数采用分散式布置。大型化工如石油化工，一般生产规模较大，生产特点是易燃易爆，或有明火设备如工业炉等，这时车间的安排宜采用分散式布置，即把原料处理、成品包装、生产工段、回收工段、控制室及特殊设备独立设置，分散为许多单体。

4.2.1　车间的平面布置

4.2.1.1　车间的平面布置

化工车间平面形式的选择原则是，在满足生产工艺要求下尽量力求简单，力争美化，同时要按照建筑规范要求布置。一般情况，车间形式越简单，越有利于设计、施工，而且厂房造价越低，设备布置的弹性越大；反之，车间形式越复杂，造价越高，而且不利于采光、通风和散热等。当然，车间形式的特点并不是一成不变的，所以在车间布置设计时，建议进行多方案比较，从而设计出合理的车间平面布置。

在化工设计中采用的车间形式一般有长方形、L 形、T 形和 Ⅱ 形。长方形一般作为优先考虑的布置形式，适用于中小型车间。若车间总长度较长，在总图布置有困难时，为了适应地形的要求或者生产的需要也有采用 L 形、T 形或 Ⅱ 形布置的，但此时应充分考虑采光、通风、交通和立面等各方面因素。

4.2.1.2 车间的柱网布置

柱网的大小，是根据生产所需要的面积、设备布置要求和技术经济比较等因素来确定的，同时要尽可能符合建筑模数制的要求。

车间的柱网布置，根据车间结构而定，生产类别为甲、乙类生产，宜采用框架结构，采用的柱网间距一般为 6m，也可采用 9m、12m；丙、丁、戊类生产可采用混合结构或内框架结构，间距采用 4m、5m 或 6m。但不论是框架结构还是混合结构，在一幢厂房中不宜采用多种柱距。

4.2.1.3 车间的宽度

生产车间为了尽可能利用自然采光和通风，以及建筑经济上的要求，一般单层车间宽度不宜超过 30m，多层不宜超过 24m。车间宽度应采用 3m 的倍数，如车间常用宽度有 9m、12m、15m、18m 和 21m，也有用 24m 的。车间中柱子布置既要便于设备排列和工人操作，又要有利于交通运输，因此单层厂房常为单跨，即跨度等于厂房宽度，厂房内没有柱子。多层厂房若跨度为 9m，厂房中间如不立柱子，所用的梁要很大，不经济，一般较经济厂房的常用柱间跨度控制在 6m 左右，例如 12m、15m、18m、21m 宽度的厂房，常分别布置成 "6-6" "6-2.4-6" "6-3-6" "6-6-6" 形式。其中 "6-2.4-6" 表示三跨，柱之间间距（跨度）分别为 6m、2.4m、6m，中间的 2.4m 是内走廊的宽度。

一般车间的短边（即宽度）常为 2~3 跨，长边（即长度）则根据生产规模及工艺要求决定。

在进行车间布置时，要考虑厂房安全出入口一般不应少于两个。如车间面积小生产人数少，可设一个（具体数值详见《建筑设计防火规范》）。

4.2.2 车间的立面布置

车间的高度和层数，主要取决于工艺设备布置要求。车间立面布置要充分利用空间，车间的高度和层数主要取决于生产设备的高度，除了设备本身的高度外，还应考虑：设备附件对空间高度的需要，如安装在设备上的仪表、管道、阀门等；设备安装、检修时对空间高度的需要；有时，还要考虑设备内检修物的高度对空间高度的需要，如带搅拌设备的搅拌器取出需要的高度。最后，以其中的最高高度加上至屋顶结构的高度决定厂房的高度。在设计有高温或可能有有毒气体泄漏的厂房时，应适当增加厂房的高度，以利于通风散热。

一般框架或混合结构的多层厂房，层高多采用 5m、6m，最低不得低于4.5m，每层高度尽量相同，不宜变化过多。

4.2.3　车间布置中应注意的问题

为了使车间设计合理、紧凑，对以下问题应予以注意：

（1）车间设计首先应满足生产工艺的要求，顺应生产工艺的顺序，使工艺流程在厂房布置的水平方向和垂直方向上基本连续，以便使由原料变成成品的路线最短，占地最少，投资最低；

（2）车间设计时应考虑重型设备或震动性设备，如压缩机、大型离心机等，尽量布置在底层，在必须布置在楼上时，应布置在梁上；

（3）操作平台应尽量统一设计，以免平台较多时，平台支柱零乱繁杂，车间内构筑物过多，影响设备的布置，占用过多面积；

（4）注意安全，楼层、平台要有安全出口。

4.3　车间设备布置设计

车间设备布置设计就是确定各个设备在车间平面和立面上的准确、具体的位置，这是车间布置设计的核心，也是车间厂房布置设计的依据。

4.3.1　设备布置设计的一般要求

设备布置设计一般包括如下要求。

（1）满足生产工艺的要求。

（2）符合有关的安全规范。每个设计项目都有与之相关的一些规范和标准，按此可以确定各个工段、各个设备间及设备与墙、柱等的安全距离。

（3）符合操作要求。在设备布置设计时，要时时把操作人员放在首位，尽量创造良好的操作条件和采光通风条件，有一定的操作空间和安全距离，并给操作人员安排必需的生活用房。

（4）符合安装维修要求。在设备布置设计时，应注意留有必需的起重吊装维修空间；对于大型设备，还应留有吊装孔和中间的存放空间等。

（5）符合建筑要求。设备的布置方案最终决定厂房的布置，厂房的跨度和高度应尽量合乎建筑模数的要求，当二者发生矛盾时，就需要工艺人员适当地调整设备布置方案，以符合建筑要求。

4.3.2 设备布置设计的一般原则

设备布置设计一般包括如下原则：

（1）设备布置一般按流程式布置，使由原料到产品的工艺路线最短；

（2）对于结构相似、操作相似或操作经常发生联系的设备一般集中布置或靠近布置，有些可通用的，要有相互调换使用的方案；

（3）设备布置尽量采用露天布置或半露天框架式布置形式，以减少占地面积和建筑投资，比较安全而又间歇操作和操作频繁的设备一般可以布置在室内；

（4）处理酸、碱等腐蚀性介质的设备尽量集中布置在建筑物的底层，不宜布置在楼上和地下室，而且设备周围要设有防腐围堤；

（5）有毒、有粉尘和有气体腐蚀的设备，应各自相对集中布置，并加强通风设施和防腐、防毒措施；

（6）有爆炸危险的设备最好露天布置，室内布置时要加强通风，防止易燃易爆物质聚集，将有爆炸危险的设备布置在单层厂房及厂房或场地的外围，有利于防爆泄压和消防，并有防爆设施，如防爆墙等；

（7）设备布置的同时应考虑管道布置空间、管架和操作阀门的位置，设备管口方位的布置要结合配管，力求设备间的管路走向合理，距离最短，无管路相互交叉现象，并有利于操作；

（8）设备之间、设备与墙之间、运送设备的通道和人行道的宽度都有一定的规范，设备布置设计时应参照执行，表 4-1 列出了可供参考的安全距离。

表 4-1 车间布置设计的有关尺寸和设备之间的安全距离

序号	项 目	尺寸/m
1	泵与泵的间距	≥0.7
2	泵列与泵列间的距离	≥2.0
3	泵与墙之间的净距	≥1.2
4	回转机械离墙距离	0.8~1.0
5	回转机械彼此间的距离	0.8~1.2
6	往复运动机械的运动部分与墙面的距离	≥1.5
7	被吊车吊动的物件与设备最高点的距离	≥0.4
8	储槽与储槽间的距离	0.4~0.6
9	计量槽与计量槽间的距离	0.4~0.6
10	换热器与换热器间的距离	≥1.0
11	塔与塔间的距离	1.0~2.0

续表 4-1

序号	项　　目	尺寸/m
12	反应罐盖上传动装置离天花板的距离（如搅拌轴拆装有困难时，距离还要加大）	≥0.8
13	通道、操作台通行部分的最小净空	2.0~2.5
14	操作台梯子的坡度（特殊时可作成60°）	一般不超过45°
15	一人操作时设备与墙面的距离	≥1.0
16	一人操作并有人通过时两设备间的净距离	≥1.2
17	一人操作并有小车通过时两设备间的距离	≥1.9
18	工艺设备与道路间的距离	≥1.0
19	平台到水平人孔的高度	0.6~1.5
20	人行道、狭通道、楼梯、人孔周围的操作台宽	0.75
21	换热器管箱与封盖端间的距离，室外/室内	1.2/0.6
22	管束抽出的最小距离（室外）	管束长+0.6
23	离心机周围通道	≥1.5
24	过滤机周围通道	1.0~1.8
25	反应罐底部与人行通道的距离	1.8~2.0
26	反应罐卸料口至离心机的距离	1.0~1.5
27	控制室、开关室与炉子之间的距离	15
28	产生可燃性气体的设备和炉子间的距离	≥8.0
29	工艺设备和道路间的距离	≥1.0
30	不常通行的地方的净高	≥1.9

4.3.3 常见设备的布置设计原则

在化工设计中，设备的形式千差万别，多种多样，但有些设备差不多在每个设计中都能涉及，有些设备甚至经常是成组出现，下面就常见设备进行说明。

4.3.3.1 容器（在设计文件中用 V 表示）

（1）中间储罐。一般按流程顺序布置在与之有关的设备附近，以缩短流程、节省管道长度和占地面积，对于盛有有毒、易燃、易爆的中间储罐，则尽量集中布置，并采取必要的防护措施。

（2）原料和成品储罐。一般集中布置在储罐区，一般原料和产品储罐，尽量靠近与之有关的厂房；对于盛有有毒、易燃、易爆的原料、成品的储罐，则集中布置在远离厂房的储罐区，并采取必要的防护措施。

（3）容器支脚、接管条件。由布置设计决定，其外形尺寸和支撑方式可根据布置条件的要求加以调整。一般长度、直径相同的容器，有利于成组布置和设置共用操作平台或共同支撑，支撑方式的设计要认真研究。

4.3.3.2 换热器（在设计文件中用 E 表示）

换热器是化工设计中使用最多的设备之一，列管式换热器和再沸器尤其应用得多，设备布置设计就是把它们布置于适当的地方，确定其管口方位，使其符合生产工艺的要求，并使换热器与其连接的设备间的配管合理，如果布置确有不便，可以在不影响工艺要求的前提下，适当调整换热器的尺寸和形式。

（1）独立换热器。独立换热器，特别是大型换热器，应尽量安排在室外，以节约厂房空间。

（2）设备附设换热器。一般是取决于与之有联系的设备，以顺应流程、便于操作为原则。

（3）换热器可以单独布置也可以成组布置，成组布置可以节约空间，而且整齐美观。

4.3.3.3 塔类设备（设计文件中用 T 表示）

塔的布置形式很多，大型塔类设备常采用室外露天布置，以裙座支于地面基础上。小型塔设备可布置于室内，也可布置在框架中或沿建筑物外沿进行布置。在满足工艺要求的前提下，塔类设备既可单独布置，也可集中布置。

（1）单独布置。一般单塔和特别高大的塔采用单独布置，利用塔身设操作平台，平台的高度根据人孔的高度和配管的情况确定。

（2）成列布置。即将几个塔的中心连成一条线并将高度相近的塔相邻布置，通过适当调节安装高度和操作点的位置，就可做联合平台，既方便操作，又节省投资。采用联合平台时，必须设计允许各塔有不同的热膨胀，以保证平台安全。相邻塔间的中心距离一般为塔直径的 3~4 倍。

（3）成组布置。数量不多而大小、结构相似的塔可以成组布置。几个塔组成一个空间体系，可提高塔群的刚度和抗风、抗震强度。

（4）沿建筑物或框架布置。将塔安装在高位换热器和容器的建筑物或框架旁，利用平台作为塔的人孔、仪表和阀门的操作与维修通道，有时将细而高的塔或负压塔的侧面固定在建筑物或框架的适当高度，从而可增加塔的刚度。

（5）室内或框架内布置。小塔或操作频繁的塔常安装在室内或框架中，平台和管道都支撑在建筑物上，冷凝器可放在屋顶上。

4.3.3.4 反应器（设计文件中用 R 表示）

反应器的形式很多，可按类似的设备进行布置。

（1）大型反应器。大型塔式反应器可按塔类设备来布置。固定床催化反应器与容器设备相似，可按容器类设备布置。大型的搅拌釜式反应器，由于重量大，又有震动和噪声，常单独布置在框架或室外用支脚直接支撑在地面上，有时可布置在室内的底层，但布置设计时必须注意将其基础与建筑物的基础分开，以免将噪声和震动传给建筑物。反应器周围的空间、操作平台的宽度、与筑物间的距离取决于操作和维修通道的要求。还要顾及反应器周围设备（如换热器、冷凝器、泵和管道）的大小和布置、反应器基础及建筑物基础的大小、内部构件，以及减速机与电动机检修时移动和放置空间等。

（2）中小型反应器。中小型的间歇反应器或操作频繁的反应器常布置在室内，用罐耳悬挂在楼板或操作平台设备孔中，呈单排或双排布置。

（3）多台反应器。多台反应器在布置时尽量排成一条线，反应器之间的距离可根据设备的大小、辅助设备和管道情况而定，管道、阀门等应尽可能布置于反应器的一侧，便于操作。

（4）对于处理易燃易爆介质的反应器，或反应激烈易出事故的反应器，布置时要考虑足够的安全措施，要有事故应急处置措施等。

4.3.3.5　泵设备（设计文件中用 P 表示）

（1）泵的布置应尽量靠近供料设备，以保证泵有良好的吸入条件。

（2）多台泵应尽量集中布置，排列成一条线，也可背靠背地排成两排，电机端对齐，正对道路。泵的排列次序由与之相关的设备位置和管道布置所决定。

（3）泵往往布置在室内底层或集中布置在泵房。泵的基础一般比地面高 $100\sim200mm$，不经常操作的泵可室外布置，但需设防雨罩保护电机，北方寒冷地区还要注意防冻。

（4）泵需要经常检修，泵的周围应留有足够的空间，对于重量较大的泵和电机，应设检修用的起吊设备，建筑物与泵之间应有足够的高度供起吊用。

4.3.3.6　风机等运转设备（设计文件中用 C 表示）

（1）一般大型风机常布置在室外，以减少厂房内的噪声，但要设防雨罩保护电机，北方地区要考虑防冻措施。小型风机可布置在室内，也可布置在室外或半露天布置。布置在室内时，要设置必要的消声设备，如不能有效地控制噪声，通常将其布置在封闭的机房中，以减少噪声对周围的影响。用于鼓风机组的监控仪表可设在单独的或集中的控制室内。

（2）风机的布置应考虑操作维修方便，并设置适当的吊装设备，布置时应注意进出口接管简捷，尽量避免风管弯曲和交叉，在转弯处应有较大的回转半径。

（3）大型风机的基础要考虑隔震，与建筑物的基础要分开，还要防止风管将震动传递到建筑物上。

4.3.4 设备布置设计需要注意的问题

设备布置设计时应注意以下问题。

（1）设备布置设计不但要满足工艺、操作、维修的需要，而且在设备周围要留出堆放一定数量的原料、中间产品、产品的空间和位置，必要时作为检修场地，如需要经常更换的设备，要有设备搬运所需的位置和空间。

（2）在进行多层厂房的设备布置时，要特别考虑物料的输送要求，要优先布置重力流动的设备。输送干、湿固体物料的管道要垂直或近乎垂直向下布置，以防堵塞。

（3）设备布置要充分利用高位差布置，以节省输送设备和动力。通常把计量槽、高位槽布置在高层，主要设备如反应器等布置在中层，后处理设备如储槽等布置在底层，这样既可利用位差进出物料，又可减少楼面的负重，降低厂房造价。

（4）设备布置时除保证垂直方向连续性外，应注意在多层厂房中避免操作人员在生产过程中过多地往返于上下楼层间。

（5）布置设备时，要避开建筑物的主梁、柱子和窗户。

（6）设备布置时，尽量把笨重的和震动性设备布置在厂房的底层，如压缩机、粉碎机和各类泵等，以减少厂房楼面的荷载和震动。

4.4 车间设备布置图

车间设备布置图是根据车间设备布置设计的结果绘制而成的，表示所有设备在车间范围内的位置和方向，是管路布置设计、设备就位与安装、装置操作、管理与维护的技术依据，是化工厂的重要技术文件。

4.4.1 设备布置图的内容

绘制车间设备布置图时要包含以下内容：

（1）一组视图，表达厂房建筑的基本结构和设备在厂房内的布置情况；

（2）尺寸及标注，在图形中注写设备布置有关的定位尺寸和厂房的轴线编号、设备位号及说明等；

（3）安装方位标，用以指示厂房和设备安装方向基准的图标；

（4）附注说明，对设备安装有关的特殊要求的说明（图示清楚的情况下，可以省略）；

（5）修改栏及标题栏，注明图名、图号、比例和修改说明等。

设备布置图中有时还包含设备一览表，表中写有设备位号、名称、规格等。

4.4.2　设备布置图的绘制要求

4.4.2.1　设备布置图的一般规定

设备布置图的一般规定如下。

（1）图幅。设备布置图一般采用 A1 图幅，不加长加宽，特殊情况也可采用其他图幅。一组图形尽可能绘于同一张图纸上。

（2）比例。绘图比例通常采用 1∶100，根据设备布置的疏密情况，也可采用 1∶50 或 1∶200。对于大的装置需分段绘制设备布置图时，必须采用同一比例，比例大小均应在标题栏中注明。

（3）尺寸单位。设备布置图中标注的标高、坐标均以 m 为单位，且需精确到小数点后 3 位，至 mm 为止。其余尺寸一律以 mm 为单位，只注数字，不注单位。

（4）图名。标题栏中的图名一般分成两行，上行写"×××设备布置图"，下行写"EL×××.×××平面"或"×-×剖视"等。

（5）编号。每张设备布置图均应单独编号。同一主项的设备布置图不得采用一个号，应加上"第×张，共×张"的编号方法。在标题栏中应注明本类图纸的总张数。

（6）标高的表示。标高的表示方法宜用"EL××.×××""EL±0.000""EL+×.×××"形式。

4.4.2.2　图面安排及视图要求

设备布置图中，视图表达的核心内容是建筑物（及其构件）和设备，一般要求如下。

（1）平面图和剖视图。剖视图中应有一张表示装置整体的剖视图。对于较复杂的装置或有多层建筑、构筑物的装置，当用平面图表达不清楚时，可绘制多张剖视图或局部剖视图。剖视图符号规定采用"*A-A*""*B-B*"等大写英文字母表示。

（2）视图界区。设备布置图一般以联合布置的装置或独立的主项为单元绘制，界区以粗双点划线表示，在界区外侧标注坐标，以界区左下角为基准点。基准点坐标为（*N*，*E*）或（*N*，*W*），同时标出其相当于在总图上的坐标（*X*，*Y*）数值。

（3）多层设备布置图。对于有多层建筑物、构筑物的装置，应依次分层绘制各层的设备布置平面图，各层平面图均是以上一层的楼板底面水平剖切所得的俯视图。一般情况下，每层只需画一张平面图。如在同一张图纸上绘制若干层平面图时，应从最底层平面开始，在图中由下至上或由左至右按层次顺序排列，并应在相应图形下注明"EL×××.×××平面"或"×-×剖视"等字样。

（4）局部操作平台。当有局部操作平台时，主平面图可只画操作平台以下的设备，而操作平台和在操作平台上面的设备应另画局部平面图。如果操作平台下面的设备很少，在不影响图面清晰的情况下，也可两者重叠绘制，将操作平台下面的设备画为虚线。

（5）跨层设备。当一台设备穿越多层建筑物、构筑物时，在每层平面图上均需画出设备的平面位置，并标注设备位号。

4.4.2.3 建筑物及构件的表示方法

在设备布置图中，建筑物及其构件均用实线画出，在平面图和剖视图上按比例和规定的图例画出，画法参见《化工工艺设计施工图内容和深度统一规定》（HG/T 20519—2009）中表 6.0.1 设备布置图图例及简化画法。

4.4.2.4 设备的表示方法

设备布置图中的设备表示方法应符合 HG 20519—2009 的图例规定。无图例的设备可按实际外形简略画出。

（1）定型设备一般用粗实线按比例画出其外形轮廓，被遮盖的设备轮廓一般不予画出，设备的中心线用细点划线画出。当同一位号的设备多于 3 台时，在平面图上可以表示首尾两台设备的外形，中间的用粗实线画出其基础的矩形轮廓，或用双点划线的方框表示在平面布置图上。动设备（如泵、压缩机、风机、过滤机等）可适当简化，只画出其基础所在位置，标注特征管口和驱动机的位置，如图 4-1 所示，并在设备中心线的上方标注设备位号，下方标注支撑点的标高 "POS EL+××××" 或主轴中心线的标高，如 "EL+×××"。

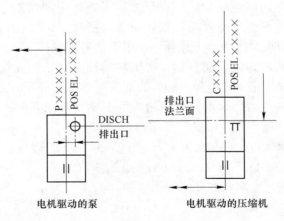

图 4-1 定型设备标注示意图

（2）非定型设备一般用粗实线，按比例采用简化画法画出其外形轮廓（根据设备总装配图），包括操作台、梯子和支架（应注出支架图号）。

（3）当设备穿过楼板被剖切时，每层平面图上均需画出设备的平面位置。

在剖视图中设备的钢筋混凝土基础与设备的外形轮廓组合在一起时，可将其与设备一起画成粗实线。位于室外又与车间厂房不连接的设备和支架、平台等，一般只需在底层平面图上予以表示。

（4）在设备平面布置图上，还应根据检修需要，用虚线表示预留的检修场地（如换热器管束用地），按比例画出，不标尺寸。

（5）剖视图中，如沿剖视方向有几排设备，为使设备表示清楚可按需要不画后排设备。图样绘有两个以上剖视时，设备在各剖视图上一般只应出现一次，无特殊需要不予重复画出。

4.4.2.5　厂房建筑物及构件的标注

设备布置图中的厂房建筑物及构件的标注内容主要包括：

（1）厂房建筑的长度、宽度总尺寸；

（2）柱、墙定位轴线的间距尺寸；

（3）地面、楼板、平台、屋面的主要高度尺寸及设备安装定位的建筑物构件的高度尺寸。

厂房建筑物及构件的标注方法如下：

（1）厂房建筑物、构筑物的尺寸标注与建筑制图的要求相同，应以相应的定位轴线为基准，平面尺寸以 mm 为单位，高度尺寸以 m 为单位，用标高表示；

（2）一般采用建筑物的定位轴线和设备中心线的延长线作为尺寸界线；

（3）尺寸线的起止点用箭头或 45° 的倾斜短线表示；

（4）尺寸数字一般应尽量标注在尺寸线上方的中间位置，当尺寸界线之间的距离较窄，无法在相应位置注写数字时，可将数字标注在相应尺寸界线的外侧、尺寸线的下方或采用引出方式标注在附近适当位置；

（5）定位轴线的标注，建筑物、构筑物的轴线和柱网要按整个装置统一编号，在建筑物轴线一端画出直径 10mm 的细线圆，在水平方向上从左至右依次编号，以 "1、2、3、4…" 表示，纵向用大写英文字母 "A、B、C…" 标注，自下而上顺序编号（其中 I、O、Z 三个字母不用）；

（6）标高一般以厂房内地面为基准，作为零点进行标注，零点标高标成 "EL±0.000"，单位用 m（不注），取小数点后 3 位数字。厂房内外地面和框架、平台的平面和管沟底、水池底亦应注明标高。

4.4.2.6　设备的标注

A　设备平面布置图的尺寸标注

设备布置图中不注设备的定型尺寸，只注安装定位尺寸。平面图中应标出设备与建筑物及构件、设备与设备之间的定位尺寸，通常以建筑物定位轴线为基准，标注出与设备中心线或设备支座中心线的距离。当某一设备定位后，可依此设备中心线为基准来标注邻近设备的定位尺寸。

卧式容器和换热器以设备中心线和靠近柱轴线一端的支座为基准；立式反应器、塔、槽、罐和换热器以设备中心线为基准；离心泵、压缩机、鼓风机、蒸气透平以中心线和出口管中心线为基准；往复式泵、活塞式压缩机以缸中心线和曲轴（或电动机轴）中心线为基准；板式换热器以中心线和某一出口法兰端面为基准；直接与主要设备有密切关系的附属设备，如再沸器、喷射器、冷凝器等，应以主要设备的中心线为基准进行标注。

对于没有中心线或不宜用中心线表示位置的设备，如箱式加热炉、水箱冷却器及其他长方形容器等，可由其外形边线引出一条尺寸线，并注明尺寸。当设备中心线与基础中心线不一致时，布置图中应注明设备中心线与基础中心线的距离。

B　设备的标高

标高基准一般选择首层室内地面，基准标高为"EL±0.000"。

（1）卧式换热器、槽、罐一般以中心线标高表示（C.L. +××. ×××，C.L. 是 center line 的缩写，有的书写成 Φ）。

（2）立式、板式换热器以支撑点标高表示（POS EL+×）。

（3）反应器、塔和立式槽、罐一般以支撑点标高表示（POS EL+××. ×××）。泵、压缩机以主轴中心线标高（EL+××. ×××）或以底盘面标高（即基础顶面标高）表示（POS EL+××. ×××）。

C　位号的标注

在设备中心线的上方标注设备位号，该位号与管道及仪表流程图的应一致，下方标注支撑点的标高（POS EL+××. ×××）或主轴中心线标高（EL+××. ×××）。

D　其他标注

对于管廊、进出界区管线、埋地管道、埋地电缆、排水沟应在图示处标注出来。对管廊、管架应注出架顶的标高（TOS EL+××. ×××）。

4.4.2.7　安装方位标

方位标亦称方向针，如图4-2所示。绘制在布置图的右上方，是表示设备安装方位基准的符号。方位标为细实线圆，直径20mm，北向作为方位基准，符号PN，注以 0°、90°、180°、270°等字样。通常在图上方位标应向上或向左。该方位标应与总图的设计方向一致。

4.4.2.8　图中附注

布置图上的说明与附注，一般包括下列内容：

（1）剖视图见图号××××；

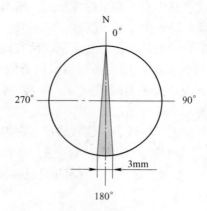

图 4-2 方位标图例

（2）地面设计标高为 EL±0.000；

（3）本图尺寸除标高、坐标以米（m）计外，其余以毫米（mm）计。

附注写在标题栏正上方。

4.4.2.9 绘制填写标题栏、修改栏

绘制标题栏、修改栏，填写工程名称、比例、图号版次、修改说明等项目。

4.4.3 设备布置图的绘图步骤

当项目的主项设计界区范围较大或工艺流程太长、设备较多时，往往需要分区绘制设备布置图，以便更详细清楚地表达界区内设备的布置情况。化工设备布置图的绘图步骤如下。

（1）选择用 CAD 软件进行绘制。首先选择或自己建立一个规范的车间布置图模板，最好拷贝一个正规设计院所做的电子图纸。设置好图层、线型、线宽，这样可以大大提高设计效率，同时有利于保证图纸的规范性。

（2）先绘制平面图。按总图要求，大致按建筑模数要求绘制厂房的建筑轮廓，然后按照前面所讲解的车间布置原则、要求及典型设备布置案例，按流程要求及各种因素将主要设备按 1∶1 比例，初步进行布置。

（3）对初步的设备布置进行修改完善。

（4）绘制其他所有设备，并对平面布置进行细致修改。

（5）根据平面图，绘制主剖视图，表达不清的加绘其他剖视图。

（6）按计划打印图号，将相应的标准图纸按出图比例放大，装入上述图形。

（7）按放大比例设置标注比例及文字大小，完成所有的图形标注及文字标注。

（8）检查、校核，最后完成图样。

5 工厂总体布置设计

工厂布置和车间布置均属布置设计，是化工设计的重要组成部分。工厂布置主要涉及化工厂各功能区在建设用地上的布置，而车间布置则主要为生产设备在生产区域中定位。两者间是全局和局部的关系，要求不同，所绘制的图样也有很大区别，本章分别进行叙述。

5.1 工厂布置设计

工厂布置也称为总平面布置、总图布置、总图运输等。对于新建或改、扩建的化工项目，需要根据厂址所在地的行政规划、自然条件和社会、环境、安全生产等方面的要求，并考虑建设用地的具体情况，对项目中生产、贮存、物料运输和输送、公用工程、安全、后勤、办公、生活保障等各部分功能区进行总体布局，以确定其相对位置关系和运输路径，满足技术先进、布置合理、安全、环境友好、卫生、节能的要求，使项目获得良好的社会、经济和环境效益。

5.1.1 化工厂选址

厂址选择的基本任务就是根据国家（或地方、区域）的经济发展规划、工业布局规划和拟建工程项目的具体情况和要求，经过考察和比较，合理地选定工业企业或工程项目的建设地区（大区），确定工业企业或工程项目的具体地点（小区）和具体坐落位置。

化工厂厂址选择是一个复杂的问题，它涉及原料、水源、能源、土地供应、市场需求、交通运输和环境保护等诸多因素。应对这些因素进行全面综合的考虑，权衡利弊，才能做出合理的选择。化工厂选址时应考虑如下因素。

5.1.1.1 总体原则

（1）符合国民经济发展、化工产业布局和园区规划的要求，高效利用土地和保护耕地。

（2）符合环境保护、安全卫生、矿产资源、文物保护交通运输等方面的要求和规定，做到有利于社会稳定，技术上可行，社会、经济和环境效益良好。

5.1.1.2 化工厂选址需重点调研和评价的内容

（1）厂址安全。

（2）产业战略布局。

（3）周边环境现状及环境污染敏感目标。

（4）当地城市规划和工业园区规划。

（5）当地土地利用规划及土地供应条件。

（6）当地自然条件。

（7）交通运输条件及原料、产品的运输方案。

（8）公用工程的供应或依托条件。

（9）废渣、废料的处理及废水的排放。

（10）地区协作及社会依托条件。

（11）未来发展。

5.1.1.3　选址要求

（1）尽量选用不宜耕作的荒地、劣地或填海区域，不得占用基本农田。

（2）远离大中型城市城区、社会公共福利设施和居民区。

（3）充分考虑工业生态和循环经济的要求，优先选择进入可形成原料或主副产品互补关系的园区或靠近该类企业。

（4）优先选择环境容量大，有利于废弃物处理或扩散的区域。

（5）优先选择具有良好的地形、地貌、地质、水文和气象条件的区域。

（6）避免造成大量居民拆迁。

（7）有可靠的水源、电源和其他能源供应，有可满足生产的后勤保障和生活设施。

（8）靠近原料供应和产品消费中心，或有便捷的交通设施以利于原料和产品的集散和运输。

（9）在厂址选择时应同时落实水源地、排污口、固废填埋场、道路、铁路、码头及其他厂外相关配套设施的用地。

5.1.1.4　禁止建厂地区

（1）发震断层和抗震设防烈度为9度及以上地区。

（2）生活饮用水源保护区，国家划定的森林、农业保护及发展规划区，自然保护区、风景名胜区和历史文物古迹保护区。

（3）山体崩塌、滑坡、泥石流、流沙、地面严重沉降或塌陷等地质灾害易发区和重点防治区，采矿塌落、错动区的地表界限内。

（4）蓄滞洪区、坝或堤决溃后可能淹没的地区。

（5）危及机场净空保护区的区域。

（6）具有开采价值的矿藏区或矿产资源储备区。

（7）水资源匮乏的地区。

（8）严重的自重湿陷性黄土地段、厚度大的新近堆积黄土地段和高压缩性的饱和黄土地段等工程地质条件恶劣地段。

（9）山区或丘陵地区的窝风地带。

5.1.2　化工厂总平面布置

5.1.2.1　总平面布置的目的、任务

在厂址确定后，根据其所在地区的自然条件和社会环境及城市规划、环境保护和安全生产等方面的要求，对工程的多个组成项目和协作项目统一进行区域性总体布局和土地利用的全面规划，合理确定其位置关系和运输路径。在此基础上，确定工厂生产装置、各类设施之间的相对关系和空间位置，绘制工厂的总平面布置图。

5.1.2.2　常用术语

在进行化工厂总平面布置设计时，常用到以下术语。

（1）厂区。由工厂所属工艺装置及各类设施组成的区域。

（2）生产区。由生产和使用可燃物质和可能散发可燃气体、有毒气体、腐蚀性气体的工艺装置区、储运区或设施组成的区域。

（3）动力及公用工程设施。为工艺生产过程提供水、电、气等设施的统称。

（4）辅助设施。非工艺流程设施但对生产过程提供支持的必要设施。

（5）液体储罐区。由若干个储罐组集中布置的区域，含与之配套的泵区、配电、消防设施等。

（6）仓库设施。储存大宗生产原料、成品、半成品、备品备件的建（构）筑物和堆场等。

（7）装卸运输设施。为完成特定物流而设置的专用铁路线、道路、码头、栈桥等及相关的设施和装卸机具。

（8）管理设施。为全厂统一管理和生产调度而设置的设施。

（9）装置设备区。工艺装置内用于完成生产过程的设备、管道等集中布置的区域。

（10）厂间管道。在同一个园区内的多个厂区之间或厂区与厂外设施之间，用于输送生产原料、产品、蒸气等的地上管道、地下管道、线缆等。

（11）人员集中场所。固定操作岗位上的人员工作时间在 40 人·h/d 以上的场所。

（12）爆炸危险源。在发生泄漏事故状态下，在所在装置区可能形成蒸气云爆炸（VCE）的设备。

5.1.2.3　厂区布置

现代化工企业是一个综合的大系统，在进行总平面布置时，需按设施在生产

过程中发挥的作用进行归类并划分功能区，在厂址中确定各功能区的具体位置。石油化工厂设施按表5-1进行分区，其他类型化工厂可参照分区。

表5-1 石油化工厂设施分区

序号	功能分区	主要设施
1	工艺装置区	工艺生产装置及其专用的变配电间、机柜室、外操休息室等
2	液体储罐区	储罐组、罐区专业泵房、首末站设施等
3	动力及公用工程设施区	动力站变电站、空分空压设施、循环水场、水处理设施、净水场、给水加压泵站等
4	辅助设施区	污水处理场、中水回用、雨水监控池、事故池等
5	仓库及装卸设施区	各类原料、产品的对外运输设施区，以及仓库、堆场等
6	生产及行政管理设施区	办公楼、中央控制室、中心化验室、消防站、资料室、IT中心、传达室汽车库、食堂等
7	火炬设施区	火炬、分液罐设施等

在进行功能区布置时，首先应满足生产要求，并综合考虑经济、安全、管理、工厂运行和发展等因素。按生产工艺流程，结合厂址所在地的风向、装置间的物料输送、公用工程的衔接和厂外运输等条件来确定。各功能区内部布置应紧凑合理，并与相邻的功能区相协调，生产关系密切、功能相近或性质类同的设施可采用联合、集中的布置方式，如将有毒、有味或散发粉尘的装置或设施集中布置。动力、循环水等公用工程应靠近负荷中心，当工厂占地面积广并有多个负荷中心时，可设置多组公用工程装置，分别靠近不同负荷中心，但全厂公用工程应联网，以便于生产调度。建筑物的布置应结合地理位置和气象条件等选择合理的朝向，使人员集中的建筑物有良好的采光及自然通风条件。

此外，还应考虑工厂的美观，厂区内各功能区、各街区及建（构）筑物的布置要规整，与空间景观相协调，与厂外环境相适应。工厂应预留发展用地。对于分期建设的工厂，各期工程应统筹安排、统一规划，前期建设项目应集中、紧凑布置，并与后期工程合理衔接。对于一次性建成的工厂，也应根据未来发展的可能性合理预留发展用地。

5.1.2.4 工艺装置区布置

（1）总体要求。按照工艺流程的走向集中布置，与公用工程及相邻装置和设施间相互协调，利于生产管理和人员安全，方便安装、检修等施工作业。生产上关系密切的露天设备、设施和建（构）筑物应布置在同一或相邻街区，当采用台阶式竖向布置时，宜将其布置于同一或相邻台地上。同开同停的工艺装置宜按类别联合布置。

（2）风向要求。工艺装置区应布置在人员集中场所、全年最小频率风向的上风侧。可能散发可燃气体的工艺装置，宜布置在明火或散发火花地点全年最小频率风向的上风侧，在山区或丘陵地区应避免布置在窝风地带。可能泄漏、散发有毒或腐蚀性气体、粉尘的装置或设施，应避开人员集中场所，并宜布置在其他主要生产设备区全年最小频率风向的上风侧。

（3）位置要求。以下设施应布置在装置的边缘或一侧：供装置生产使用的化学品添加剂的装卸和储存设施、明火加热炉、装置区的预留用地。控制室、机柜室、外操室宜布置在不低于甲乙类生产设备区、储罐区的场地上，应成组布置在装置区的一侧并位于爆炸危险区范围以外。

（4）消防要求。大型设备区应分割为多个消防分区，面积的大小应符合现行国家标准《石油化工企业设计防火规范》（GB 50160—2008）的有关规定。火灾爆炸危险区的范围不得覆盖原料和产品运输道路及铁路走行线。

5.1.2.5　储罐区布置

按储罐的功能可将其分为原料储罐、中间储罐和成品储罐。各类储罐应按物料性质、类别、隶属关系及操作和输送条件，分别相对集中布置，罐组的位置应符合工艺生产、储运装卸和安全防护要求，位于人员集中场所、明火或散发火花地点全年最小频率风向的上风侧，并避免布置在窝风地带。

（1）甲、乙、丙类液体储罐区，液化石油气储罐区，可燃、助燃气体储罐区，可燃材料堆场等，应设置在区域的边缘或相对独立的安全地带，并宜布置在区域全年最小频率风向的上风侧。

（2）桶装、瓶装甲类液体不应露天存放。

（3）甲、乙、丙类液体储罐区，液化石油气储罐区，可燃、助燃气体储罐区，可燃材料堆场，应与装卸区辅助生产区及办公区分开布置。

（4）甲、乙、丙类液体储罐区，液化石油气储罐区，可燃、助燃气体储罐区，可燃材料堆场的防火间距详见《建筑设计防火规范》（GB 50016—2014）和《石油化工企业设计防火规范》（GB 50160—2008）。

（5）大型化工厂的原料和成品储罐区可根据运输、装卸条件选择布置地点，也可布置在厂外区域。原料缓冲罐、计量罐和中间储罐等要布置在与其有隶属关系的工艺装置附近。

（6）可燃、毒性或腐蚀性液体储罐组应避开人流动较多的道路或主要生产设施，罐组应设防火堤，堤内有效容积不应小于罐组内1个最大储罐的容积。

5.1.2.6　道路

厂内道路设计应符合总平面布置的要求，且应与通道布置、竖向布置、铁路设计、厂容及绿化相协调，根据需要可划分为主干道、次干道、消防道、检修道和人行道。主要道路应规整顺直，主次干道均衡分布并呈网状布局。合理组织车流和人流，以车流为主的道路与以人流为主的道路宜分开设置。以原料及产品运输为主的厂区道路不宜穿越生产区。通往厂外的主要道路出入口不应少于两个，并应位于不同方位。

厂内道路宽度可按表 5-2 确定，并根据道路通行性质在宽度范围内合理选择。厂内道路交叉口路面内缘转弯半径应根据其行驶的车辆确定，并不宜小于表 5-3 的规定。

表 5-2   厂内道路宽度

道路类别	路面宽度/m	
	大型厂	中小型厂
主干道	9~12	6~9
次干道、消防道	6~9	6~7
检修道	4~6	4~6
车间引道	与该引道的厂房大门、街区内道路宽度相适应	

表 5-3   厂内道路交叉口路面内缘转弯半径

道路类型	内缘转弯半径/m		
	主干道	次干道	车间引道
主干道	15	12	9
次干道、消防道	12	9	7
检修道、车间引道	9	7	—

注：供消防车通行的道路路面内缘转弯半径不应小于12m。

装置、设施内的道路应符合生产操作、维修及消防的要求，采用贯通式并在不同方向与装置或单元外的道路衔接，路面宽度不宜小于 4m，路面内缘转弯半径不宜小于 7m，路面上净空高度不宜小于 4.5m。人行道的宽度不宜小于 1m，当需要加宽时，可采用 0.5m 的倍数递增。

此外，在进行化工厂总平面布置时，还可能涉及仓库及运输设施区布置、火炬设施布置、管理及生活服务设施布置、围墙大门布置、铁路布置和绿化布置等内容。所有总平面布置设计均应符合现行国家标准《工业企业总平面设计规范》（GB 50187—2012）、《石油化工工厂布置设计规范》（GB 50984—2014）及国家、行业现行相关标准的有关规定。非石油化工类型的化工厂可参照以上标准执行。

5.2   化工厂总平面布置图的绘制

将工厂总平面布置设计的结果绘制于图纸上，这类图纸称为工厂总平面布置图，简称总图。总图与设计说明书等文字文件一起形成总图布置设计文档。不同的设计阶段、不同类型的总图所表示的内容和侧重点有所不同。

5.2.1　总平面布置图的绘制内容与要求

　　按化工厂总平面布置方案设计结果，将工艺装置区、罐区、公用工程区、辅助设施区、仓库及装卸区、办公及生活服务区等功能区绘制在图纸上，表示出道路、街区、通道、建筑物、绿化和发展用地等。

　　标出各功能区、各装置、主要设备、建（构）筑物、堆场、道路、管廊等的坐标、名称、主要转角坐标，以及大型设备的中心坐标。有时也标出街区、主要道路、主要装置或功能区的轮廓尺寸、建筑物层数、标示出特征设备或建筑结构，以表示各装置的总体设备布置方案，及其他需要表示的内容。

5.2.2　风向玫瑰图

　　风向是化工厂进行总平面布置设计的重要气象参数，要求在总图中以风向玫瑰图的形式表示。风向玫瑰图（简称风玫瑰图）也称风向频率玫瑰图，它是根据某一地区多年平均统计的各个风向的百分数值，并按一定比例绘制的，一般采用 8 个或 16 个罗盘方位表示，由于形状酷似玫瑰花朵而得名。

　　风玫瑰图上所表示风的吹向，是指从外部吹向地区中心的方向，各方向上按统计数值画出的线段表示此方向风频率的大小，线段越长表示该风向出现的频率越大。风向玫瑰图可按如下步骤绘制。

　　（1）获取气象台在一段较长时间内观测的厂址所在地风向的统计资料。

　　（2）计算风向频率。8 方位图按式（5-1）计算，16 方位图按式（5-2）计算。

$$S_n = \frac{f_n}{c + \sum\limits_{n=1}^{8} f_n} \tag{5-1}$$

$$S_n = \frac{f_n}{c + \sum\limits_{n=1}^{16} f_n} \tag{5-2}$$

式中　　S_n——n 方向的风向频率；

　　　　f_n——统计期内出现 n 方向风的次数；

　　　　c——静风次数。

　　（3）根据各个方向风的出现频率，以相应的比例长度按风向中心吹，描在坐标上。将各相邻方向的端点用直线连接起来，绘成闭合折线，得到风向玫瑰图。

　　城市和重点地区的风向玫瑰图也可以从气象部门直接获取。图 5-1 为上海市风向玫瑰图。图上的红线共 16 条，代表 16 个方位；蓝线范围内的红线长度代表该方向吹来的风的频率；绿线代表风力大小。可见，上海频率最高的风向为东南风。

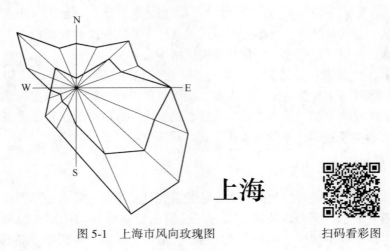

图 5-1   上海市风向玫瑰图   扫码看彩图

5.2.3   方向标

方向标在总图中指示工厂地块的方位和朝向。但由于自然地形、历史和人文等各种原因，实际规划的地块往往与自然的方位并不一致，为了设计、绘图和读图方便，允许将方向标按实际地形或建筑物朝向旋转一个角度，形成一个相对坐标系。这时，图纸上方向标所指的方向就不是实际地理北向，这个方向称为建北（CN，construction north 或 PN，plant north），而实际地球的北方称为测北、正北（N）、地理北（GN，geographical north）或真北（TN，true north）。建北与真北之间的夹角不应超过 45°，且一个项目仅可有一个建北。使用建北方向标应注明"PN"或"建北"字样，并注明建北与真北之间的夹角。建北通常应朝向正上或正左。当建北不朝向正上或正左时，应保证朝上。

建北与正北之间的关系仅由总平面布置图表示，其他涉及方向性的图纸（如设备布置图、管道布置图、管口方位图等）一律仅标示建北方向，不再体现正北。

6 经济分析与评价

在化工设计项目形成过程中的各个设计阶段，都要对设计项目的技术经济情况进行分析论证，要求项目具备经济上的合理性。通过项目的经济分析可以清晰地看出工厂或车间的设计在经济上是否合理，并且便于与同类企业尤其是先进企业进行比较分析，综合评价所设计装置的经济效果和所设计方案的技术经济特点。

在化工设计课程设计中，对设计项目的经济分析主要包括对项目投资进行估算，以及对主要经济指标进行估算和分析两部分内容，并根据计算结果编制相应的投资估算表和经济效益分析表。

6.1 投 资 估 算

投资估算是在整个投资决策过程中，依据现有的资料和一定的方法，对建设项目的投资额进行的估计。投资估算总额是从筹建、施工直至建成投产的全部建设费用。投资估算对工程设计概算起控制作用，同时可作为项目资金筹措及制订建设贷款计划的依据，另外投资估算还是核算建设工程项目建设投资需要额和编制建设投资计划的重要依据。

（1）投资估算编制依据和说明。编制建设项目投资估算的主要依据有：

1）有关机构发布的适用本项目使用的投资估算编制办法；

2）有关机构规定的概算指标、估算指标、工程建设其他费用估算规定和其他相关文件；

3）有关部门规定的利率、税率、汇率和价格指数等有关参数；

4）以往类似项目及装置或工序的概算、估算投资数据资料；

5）工程所在地主要材料、人工、施工机械台班市场价格，项目所在地的交通运输情况、水电气等配备情况，项目的土地费用及征地补偿费，设备现行出厂价格（含非标设备）及运杂费率；

6）有关专业提供的设计文件、主要工程量、主要设备清单，以及建设单位提供的各种资料。

（2）投资的构成如图6-1所示。

（3）投资估算编制的步骤。建设项目总投资包括建设投资、建设期利息和流动资金，在投资估算过程中要分项计算。

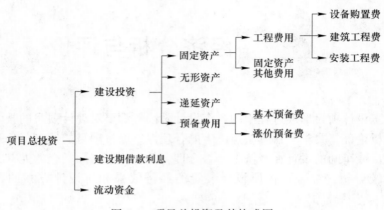

图 6-1　项目总投资及其构成图

1）建设投资估算。首先，分别计算得到设备购置费、安装工程费、建筑工程费，则该项目工程费用（用 a 表示）为三者之和；其次，计算工程建设其他费用（用 b 表示），有些如工程建设管理费是以工程费用为基数的，有些如土地费用是根据实际情况确定的；最后，计算得到项目的预备费（用 c 表示）。则该项目建设投资等于 a、b、c 三者之和。

2）项目建设期利息估算。

3）项目的流动资金估算。

最后可得建设项目总投资为 1）、2）、3）三项之和。

6.1.1　建设投资估算

建设投资估算的方法有很多，此处介绍分类估算法。建设投资估算在投资估算工作中工作量最大，耗时最长。

6.1.1.1　设备购置费用估算

包含全部设备、仪器、仪表等和必要的备品备件及工器具、生产家具购置费用，其中包括一次装入的填充物料、催化剂及化学药品等的购置费。

（1）国内设备购置费估算。国内设备购置费为设备原价和设备运杂费之和。第一，国产标准设备原价为设备制造厂的交货价（出厂价）或订货合同价。国产非标准设备原价只能根据图纸按订单制造，设备费购置费按制造合同价。第二，设备运杂费为设备原价与设备运杂费费率的乘积，根据工程所在地区不同取用不同的设备运杂费费率，一般为 6%~9%。

（2）进口设备购置费估算。进口设备购置费由进口设备货价、进口从属费用及国内运杂费构成。第一，进口设备货价分为离岸价（FOB）和到岸价

（CIF）。第二，进口从属费用包含的内容及计算方法参照相关机构发布的费用计取标准。第三，国内运杂费 ＝ 进口设备离岸价 × 外汇牌价 × 国内运杂费费率，根据工程所在地区不同取用不同的国内运杂费费率，一般为 1.5%~5.0%。

（3）工器具及生产家具购置费估算。按照部门或行业规定的方法计算。如《石油化工工程建设费用定额》规定工器具及生产家具购置费 ＝ 设计定员 ×1600 元/人。

（4）备品备件购置费估算。如果设备不带备品备件，则要单独估算备品备件的费用。

6.1.1.2 安装工程费估算

根据相关机构发布的安装工程定额、指标和取费标准，并结合参照以前工程经验进行估算，有如下三种方法。

（1）按安装费率计算。安装工程费为设备原价与安装费费率的乘积，安装费费率通常为 10%~30%，不同类型的安装工程取用不同的安装费费率。如设备原价为 50 万元，安装费率为 15%，则安装工程费为 7.5 万元。

（2）按每吨设备安装费计算。安装工程费为设备吨位与每吨设备安装费指标的乘积。如一般设备安装费用为 2600 元/t，设备一共 500t，则安装工程费为 130 万元。

（3）按单位安装实物工程量计算。安装工程费为安装工程实物量与每单位安装实物工程量费用指标的乘积。如某设备安装费为 1.5 元/台，一共 10 台，则安装工程费为 15 元。

6.1.1.3 建筑工程费估算

建筑工程费有如下三种估算方法。

（1）单位建筑工程投资估算法。建筑工程费为单位建筑工程量投资与建筑工程总量的乘积。如某建筑物建筑面积为 2000m²，费用为 2500 元/m²，则建筑工程费为 500 万元。

（2）单位实物工程量投资估算法。建筑工程费为单位实物工程量投资与实物工程量总量的乘积。如某土石方工程总土方量为 3000m³，费用为 25 元/m³，则建筑工程费为 7.5 万元。

（3）概算指标投资估算法。当没有单位建筑工程量投资指标和单位实物工程量投资指标，或者建筑工程工程费所占比例较大时，可以采用概算指标投资估算法。采用这种方法需要较为详细的材料价格、费用指标、工程量资料和其他工程资料，工作量较大，是一种比较详细的投资估算方法。一般会有相关机构发布编制办法。

6.1.1.4 工程建设其他费用估算

工程建设其他费用主要包含土地拆迁及补偿费、工程建设管理费、临时设施费、前期准备费、勘察设计费、工程监理费、进口设备材料检验费、特种设备安全监督检验费、工程保险费、联合试运转费、土地使用权出让金、专利技术许可费、生产准备费等。

应结合拟建项目的具体情况来计算工程建设其他费用，有合同价格的按照合同价格列入，没有合同价格的根据相关机构颁布的有关工程建设其他费用计算方法来估算。如一般的化工项目投资估算的工程建设其他费用的计算可参照《石油化工工程建设费用定额》，该费用定额规定了各项费用的计取方法，如临时设施费为工程费用与临时设施费费率的乘积，而临时设施费费率新建项目为 0.5%，改扩建项目为 0.25%。不同项目所包含的工程建设其他费用的具体科目是不一样的，应根据项目具体情况来进行确定。

6.1.1.5　预备费估算

（1）基本预备费估算。基本预备费以工程费用和工程建设其他费用之和为基数，乘以基本预备费费率得到。如《石油化工工程建设费用定额》规定：对于国内部分，有同类型装置的基本预备费费率取6%，无同类型装置的取8%，当然具体取值还要结合项目实际情况来确定。

（2）涨价预备费估算。涨价预备费以工程费用为估算基数。计算涨价预备费时先确定各年度投资计划，然后根据式（6-1）来计算各年的涨价预备费，最后汇总得到总的涨价预备费。

$$第 n 年的涨价预备费 = 第 n 年工程费用 \times [(1 + 上涨指数)^n - 1] \quad (6\text{-}1)$$

6.1.2　建设期利息估算

为了简化计算，当年投入的贷款可按贷款金额的一半计息，以前年份的贷款则按全额计息，分以下两种情况。

（1）建设期每年年末支付利息：

$$建设期利息 = \sum（每年年初本金 + 当年借款/2）\times 利率$$

（2）建设期不支付利息：

$$建设期利息 = \sum（每年年初本金 + 以前年度的利息 + 当年借款/2）\times 利率$$

例如，某项目贷款金额 12000 万元，分两年投入。第一年 4000 万元，第二年 8000 万元，贷款利率为年率 4.9%，建设期不支付利息。则该项目建设期贷款利息支出为：

$$（4000 \div 2）\times 4.9\% + [4000 + （4000 \div 2）\times 4.9\% +$$
$$（8000 \div 2）] \times 4.9\% = 494.80 万元$$

6.1.3　流动资金估算

流动资金估算方法有扩大指标估算法和分项详细估算法。在可行性研究阶段，一般应采用分项详细估算法，用这种方法估算流动资金，需要的基础资料多，但结果比较准确。

当缺乏必要的数据、流动资金估算发生困难时，也可按固定投资和年销售额的一定百分数来估算：

$$流动资金 = 固定投资 \times （12\% \sim 20\%）$$

或
$$流动资金 = 年销售额 \times 15\%$$

6.2 产品生产成本估算

产品生产成本是指工业企业用于生产某种产品所消耗的物化劳动和活劳动的总和，是判定产品价格的重要依据之一，也是考核企业生产经营管理水平的一项综合性指标。产品生产成本包括如下项目。

（1）原料费。原料费是原料单价与原料消耗量的乘积。这里的原料消耗量，在年总成本中是原料的年消耗总量，在单位成本或平均成本中指单位产品的原料消耗量（称为消耗定额）。原料消耗定额可由物料衡算算出：

$$消耗定额 = 化学计量需用量 \div （转化率选择率 \times 精制回收率）$$

式中，化学计量需用量是由化学反应方程式决定的，是反应物和反应产物之间的数量关系所确定的理论需用量；转化率是原料转化为其他物质的分率或百分率；选择率是转化了的原料生成目的产物（粗产品中）的分率或百分率；回收率是粗产品精制成为产品的分率或百分率。

（2）辅助材料费。辅助材料包括催化剂、溶剂、助剂、包装材料等。辅助材料费的计算方法同原料费，也是由消耗定额计算材料消耗量，再由材料消耗量乘以材料单价得出辅助材料费。有的材料如催化剂一般是一次装填可使用数年，可根据催化剂寿命计算其消耗定额。

（3）燃料动力费。燃料动力费的计算方法与原材料费相同。

（4）扣除副产品收入。副产品收入的计算公式是：

$$副产品收入 = 副产品销售价格 - 税金 - 销售费$$

（5）人工费。人工费包括工资和附加费两部分：

$$工资 = 年平均工资 \times 工人定员$$

$$附加费 = 生产工人工资 \times 11\%$$

直接生产工人定员应包括装置运转所需操作人员、设备维修人员和产品检验人员，人数可根据定额，无定额时可根据工艺设备的种类、数量、控制方法分为若干岗位，再按四班制或三班半制加以估算。典型的岗位定员见表6-1。维修和检验人员人数可按操作人员人数的50%估算。

表 6-1　典型的 1 名操作工控制设备数

类型	大型自动化车间	小型间断生产车间
反应	1 个主要反应部分	1~3 个反应器
精制	1 连串（3~5 个操作）蒸馏	1~2 个间断蒸馏器或萃取器
压缩	1 组集中安装的压缩机	1~2 个分散的小型压缩机
过滤	3~6 个连续过滤机	2~3 个间断过滤机
罐区或其他	每个主要车间 1~2 人	每种产品 1 人

（6）折旧费。在我国，折旧包括基本折旧（即一般意义上的固定资产折旧）和大修理折旧（或称大修理基金）两部分。基本折旧采用直线法折旧，计算公式是：

基本折旧率 =（1 - 固定资产残值率）× 100% ÷ 固定资产折旧年限

每年提取基本折旧费 = 固定资产原值×折旧率

上式中，固定资产折旧年限，化工和石油化工项目一般可取 15 年，固定资产残值率可按 3%~5% 考虑。

固定资产原值 =（建设投资 + 建设期利息）× 固定资产形成率（一般取 50%）

大修理基金（大修理折旧）是为保证设备的正常运转所进行的维护保养和大修理费用，每年按固定资产原值的 3%~6% 计取。

（7）车间经费计算方法如下：

化工项目车间经费 =（主要原料费 + 辅助材料费燃料动力费生产工人工资及附加费 + 基本折旧费 + 大修理基金）× 2%

炼油项目车间经费 =（辅助材料费 + 燃料动力费 + 生产工人工资及附加费 + 基本折旧费 + 大修理基金）×（15% ~ 18%）

（8）企业管理费计算方法如下：

化工项目企业管理费 = 车间成本 ×（6% ~ 9%）

炼油项目企业管理费 = 车间经费 ×［（18% ~ 22%）/（15% ~ 18%）］

以上成本计算归纳见表 6-2。

表 6-2　产品年总成本估算表

序号	项　　目	估算方法
（1）	原料费	单价×消耗定额×年产量
（2）	辅助材料费	单价×消耗定额×年产量
（3）	燃料动力费	单价×消耗定额×年产量
（4）	工人工资及附加费	年平均工资×定员人数×1.11
（5）	车间固定资产基本折旧	固定资产原值×折旧率

序号	项　目	估算方法
(6)	大修理基金	固定资产原值 × (3% ~ 6%)
(7)	车间经费	[(1) + (2) + (3) + (4) + (5) + (6)] × 2%
(8)	车间成本	(1) + (2) + (3) + (4) + (5) + (6) + (7)
(9)	企业管理费	(8) × (6% ~ 9%)
(10)	工厂成本	(8) + (9)

6.3　经济评价

化工项目经济分析评价以时间、金钱和利润指标为基准，通常采用静态评价和动态评价两类评价方法。

6.3.1　静态评价方法

静态评价指标主要包括投资收益率、静态还本期和累计现金价值等。

6.3.1.1　投资收益率（ROI）

投资收益率的定义是年平均利润总数与项目投资之比。由于利润可以是净利、净利与折旧之和、净利与各种税金之和，因而得到的投资收益率有投资利润率、投资利税率及资本金利润率之区别。

A　投资利润率

投资利润率是指项目达到正常设计生产能力的年利润总额或项目生产期内年平均利润总额与项目总投资额的比率。计算公式为：

投资利润率 =（年利润总额或年平均利润总额 ÷ 总投资）× 100%

年利润总额 = 年产品销售收入 − 年总成本费用 − 年销售税金及附加

总投资 = 固定资产投资 + 建设期利息 + 流动资金 + 固定资产投资方向调节税

计算出的投资利润率应与部门或行业的平均投资利润率进行比较，若项目的投资利润率高于或等于部门或行业的平均投资利润率，则认为项目在经济上是可以接受的。

B　投资利税率

投资利税率是指项目达到设计正常生产能力的年利税总额或项目生产期内的年平均利税总额与总投资的比率。其计算公式为：

投资利税率 =（年利税总额或年平均利税总额 ／ 总投资）× 100%

年利税总额 = 年利润总额 + 年销售税金及附加

　　　　　= 年产品销售收入 − 年总成本费用

投资利税率高于或等于行业基准投资利税率时，说明项目可以采纳。

C　资本金利润率

资本金利润率是利润总额占资本金总额的百分比，它反映了投资者每百元（或千元、万元）资本金所取得的利润。资本金利润率越高，说明企业资本金的利用效果越好，企业资本金盈利能力越强。

资本金利润率 =（年利润总额或年平均利润总额／资本金总额）× 100%

式中，资本金总额指的是项目的全部注册资金。

6.3.1.2　静态还本期

静态还本期是经济分析评价的时间指标。静态还本期的定义是全部投资靠该项目收益加以回收所需要的时间。我国所指全部投资，包括固定投资资金和流动投资资金。对回收期规定从项目投资开始时算起，即包含了项目建设期，评价时还应注明自投产开始时算起的投资回收期。

6.3.1.3　累计现金价值

累计现金价值指在工程设计时预见该项目在寿命期间内任何时刻的现金流通情况，把支出看作负现金流通，把收入看作正现金流通，可以用现金流通图或现金流通表来表示。

6.3.2　动态评价方法

动态评价方法是将在不同时间发生的现金流通，按照同一时间基准进行换算，然后在相同的基准上进行比较与评价，是一种考虑到资金时间价值的分析评价方法，其主要评价指标有净现值、净现值比、折现现金流通收益率和动态还本期等。

6.3.2.1　净现值

净现值法是将现金流通的每个分量根据它发生的时刻计算其折现因子和现值，并将项目在寿命期内的每个分量现值加和，得到该项目的净现值（简称NPV）。

$$NPV = \sum_{j=1}^{n} \frac{value_j}{(1 + rate)^j} - C$$

式中　$value_j$——项目第 j 年的收入或支出，$j = 1 \sim n$ 年；

　　　$rate$——贴现率；

　　　C——项目的投资现值。

若 NPV>0，表示在规定的折现率下，项目有盈利；若 NPV<0，则表示在规定的折现率下，项目是亏损的，该方案不可取。对多个设计方案，计算的 NPV 均大于 0，则应取其中较大者。

6.3.2.2 净现值比

因为净现值不能反映所得净现值是多少投资所产生的，为了得出单位投资可得到多少净现值，所以引入了净现值比（简称 NPVR）的概念。NPVR 是用净现值除以投资总额现值的比值，可以理解为它是考虑了金钱的时间价值的投资收益率。

6.3.2.3 折现现金流通收益率

折现现金流通收益率（简称 DCFRR），又名内部收益率（IRR），其定义是使该项目的净现值为 0 时的折现率，也即当贷款利率为 IRR 时，该项目在整个寿命期内的全部收益刚够偿还本息。因此，IRR 是表示工程项目的借贷资金所能负担的最高利率。

$$NPV = \sum_{j=1}^{n} \frac{value_j}{(1 + IRR)^j} - C = 0$$

式中　$value_j$——项目第 j 年的收入或支出，$j=1 \sim n$ 年；

　　　　C——项目的投资现值。

当一个工程项目有多个方案，且用 IRR 作为评价准则时，得到最大 IRR 的方案就是这些方案中最佳的方案，显然可行的方案是其 IRR 必须等于或大于贷款利率。

以上三种动态评价准则，NPV 着眼于投资的总经济效益，而 NPVR 与 IRR 是考虑了单位投资的效益，因此当投资目标是为了获取最大利润时，应以 NPV 作为投资的决策准则，如果资金有限，为了把它分配给最有效使用资金的项目时，用 NPVR 或 IRR 准则是合适的。

6.3.2.4 动态还本期

当投资者特别关注投资的回收速度，且要考虑金钱的时间价值时，就需采用动态还本期法。根据静态还本期的定义，以投资开始的年份为基准，将静态评价方法中的各现金流通考虑资金的时间价值乘以折现因子，得到折现现金流通量。然后，按还本期的定义，从所算得各个时间的累计折现现金流通量列表中的数字，可以找到该项目的累计折现现金流通量从负值转变为正值的那一时刻，即对应累计折现现金流通为零的那一时刻就是动态还本期。显然动态还本期要比静态还本期时间长，因为前者考虑了金钱的时间价值。

6.3.3 盈亏平衡分析

盈亏平衡分析是指以特定的投资项目为对象，通过计算盈亏平衡点来判断投资项目的风险。根据是否考虑资金的时间价值，投资项目的盈亏平衡分析又分为静态盈亏平衡分析和动态盈亏平衡分析。

6.3.3.1　静态盈亏平衡分析

静态盈亏平衡分析指不考虑资金时间价值的情况下，计算投资项目的盈亏平衡点，并在此基础上对投资项目的风险做出判断。静态盈亏平衡点又称保本点，有下列三种不同的表示方法：

$$盈亏平衡点销售量 = 固定成本 ÷ （单价 - 单位变动成本）$$
$$盈亏平衡点销售额 = 固定成本 ÷ （单价 - 变动成本率）$$
$$盈亏平衡点作业率 = 盈亏平衡点销售量 ÷ 投资项目的计划产销量$$

6.3.3.2　动态盈亏平衡分析

动态盈亏平衡分析是在考虑资金时间价值和所得税等因素的情况下，通过计算项目净现值为零时的销售量或销售额对投资项目的风险做出判断。

当各年的产品销售量、单价、单位变动成本、付现固定成本及折旧（按平均年限法计提折旧）相同且不考虑残值回收时，盈亏平衡点销售量可按下式计算：

$$Q^* = \frac{F_C + \left(\dfrac{n}{\text{PVIFA}_{i,n}} - T \right) \times \dfrac{D}{1-T}}{p-v}$$

式中　$\text{PVIFA}_{i,n}$——年金现值系数，$\text{PVIFA}_{i,n} = \dfrac{(1+i)^n - 1}{i(1+i)^n}$；

F_C——各年的付现固定成本；

n——项目的寿命期；

T——所得税率；

D——各年的折旧额；

p——各年的产品单价；

v——单位变动成本。

6.3.4　敏感性分析

敏感性分析就是对项目的销售量、单价、成本等变化最敏感的因素进行变化程度的预测分析，对可能出现的最理想和最不理想情况下的最高和最低数值，做多种方案比较，从而确定较切合实际的指标来分析项目的投资经济效果，减少分析的误差，提高分析的可靠性。敏感性分析的具体计算举例见表6-3。

表6-3　敏感性分析计算举例

项目	基本方案	经营成本/万元		产量/万吨		产品价格/万元·t⁻¹	
		-10%	+10%	-10%	+10%	-10%	+10%
财务净现值 /万元	17787	27495	33606	2.03	2.48	24300	29700
		27010	8565	8489	27086	-734	36309

由表 6-3 及图 6-2 可见，该项目财务净现值受产品销售价格变化的影响最为敏感，其次是经营成本及产量的变化。

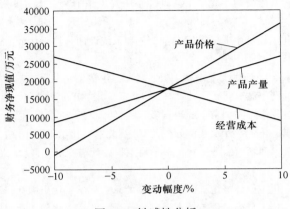

图 6-2　敏感性分析

参 考 文 献

［1］ 中石化上海工程有限公司．化工工艺设计手册（上下册）［M］.5 版．北京：化学工业出版社，2018．

［2］ 王子宗．石油化工设计手册　第四卷：工艺和系统设计（修订版）［M］．北京：化学工业出版社，2015．

［3］ 梁志武，陈声宗．化工设计［M］.4 版．北京：化学工业出版社，2015．

［4］ 陈砺，王红林，严宗诚．化工设计［M］．北京：化学工业出版社，2017．

［5］ 孙兰义．化工过程模拟实训 Aspen Plus 教程［M］.2 版．北京：化学工业出版社，2017．

［6］ 李国庭，胡永琪．化工设计及案例分析［M］．北京：化学工业出版社，2017．

［7］ 管国锋，董金善，薄翠梅，等．化工多学科工程设计与实例［M］．北京：化学工业出版社，2016．

［8］ 杨秀琴，赵扬．化工设计概论［M］.2 版．北京：化学工业出版社，2019．

［9］ 冯霄，王彧斐．化工节能原理与技术［M］.4 版．北京：化学工业出版社，2015．

［10］ 黄英．化工过程节能与优化设计［M］．西安：西北工业大学出版社，2018．

［11］ 朱宪，张彰．绿色化工工艺导论［M］.2 版．北京：中国石化出版社，2019．

［12］ 张龙，王淑娟．绿色化工过程设计原理与应用［M］．北京：科学出版社，2018．

［13］ 李国庭．化工设计概论［M］.2 版．北京：化学工业出版社，2020．

［14］ 谭荣伟，等．化工设计 CAD 绘图快速入门［M］.2 版．北京：化学工业出版社，2020．

［15］ 张瑞林，冯杰．化工制图与 AutoCAD 绘图实例［M］．北京：中国石化出版社，2013．

［16］ 黄步余．石油化工自动控制设计手册［M］.4 版．北京：化学工业出版社，2020．

［17］ 宋航．化工技术经济［M］.4 版．北京：化学工业出版社，2019．

［18］ 苏健民．化工技术经济［M］.2 版．北京：化学工业出版社，2014．